中国科学院科学出版基金资助出版

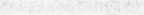

现代化学专著系列·典藏版　27

煤 液 化 化 学

魏贤勇　宗志敏
秦志宏　陈　茂　著

科 学 出 版 社

北 京

内 容 简 介

　　煤液化技术是合理、洁净、有效地利用煤炭资源的先进技术。本书作者总结多年来在煤的溶剂萃取和煤相关模型化合物反应方面的研究成果的基础上，参考国内外最新文献，全面论述了煤液化基础研究和工艺开发的重要性及煤液化工艺的发展前景，还介绍了煤液体的分析、分离和利用。全书共分六章。

　　本书可供从事煤化学、有机化学、有机地球化学、煤化工、有机化工等学科领域的教学、科研及技术开发人员和研究生阅读，对相关学科从业人员也有重要的参考价值。

图书在版编目(CIP)数据

现代化学专著系列：典藏版／江明，李静海，沈家骢，等编著. —北京：科学出版社，2017.1

ISBN 978-7-03-051504-9

Ⅰ.①现… Ⅱ.①江… ②李… ③沈… Ⅲ.①化学 Ⅳ.①O6

中国版本图书馆 CIP 数据核字(2017)第 013428 号

责任编辑：杨淑兰 刘俊来／责任校对：宋玲玲
责任印制：张 伟／封面设计：铭轩堂

科 学 出 版 社 出版
北京东黄城根北街 16 号
邮政编码：100717
http://www.sciencep.com

北京厚诚则铭印刷科技有限公司印刷
科学出版社发行 各地新华书店经销

*

2017 年 1 月第 一 版　　开本：B5(720×1000)
2017 年 1 月第一次印刷　　印张：10 1/4
字数：183 000

定价：7980.00 元（全 45 册）

(如有印装质量问题，我社负责调换)

前　言

近年来，"可持续发展"已成为人们讨论的热门话题，其核心内容包括资源、环境和人口三个方面。随着我国国民经济的高速发展，资源有限、环境恶化和人口增长所带来的问题日益突出。合理、洁净和有效地利用有限的资源对我国国民经济持续、健康和稳定的发展至关重要。

煤炭是我国主要的化石资源和能源，对我国国民经济的发展起着极其重要的作用。但煤炭的开采和利用也给国民经济和人民生活带来许多负面影响，其中最突出的就是土地塌陷和燃煤污染，后者包括大量的烟尘、CO、CO_2、SO_x、NO_x 和灰渣等的排放。

煤通过加氢和加氢裂解反应可以脱除绝大部分杂原子，转化成外观类似石油的煤液体，这一工艺被称作煤的加氢液化或直接液化（在本书中简称煤液化）。由煤液体经气相加氢裂解可以得到洁净的、高热值的燃料油，经分离可以得到多种重要的化工产品。因此，煤液化是提高煤炭资源利用率、减轻燃煤污染的有效途径。研究煤液化进而开发先进的、经济上可靠的煤液化工艺对我国国民经济的可持续发展具有重要的战略意义。

本书论述了煤液化基础研究和工艺开发的重要性及煤液化工艺的发展前景，结合作者多年来在煤的溶剂萃取和煤相关模型化合物反应方面的研究成果和国内外有关参考文献，提出煤中可溶有机物大分子结构的可分离及非破坏性分析的设想，系统地论述了煤液化所涉及的各种化学反应并分析了有关反应机理。本书还介绍了煤液体的分析、分离和利用。

本书作者的有关研究工作得到煤炭科学基金（编号：93 加 410101）、煤炭普通高校跨世纪学术带头人培养计划基金、国家自然科学基金（编号：29676045 和 20076051）、高等学校博士学科点专项科研基金（编号：98029016）和国家重点基础研究专项经费（编号：G1999022101）、日本通商产业省工业技术院阳光计划促进本部新能源研究专项经费的资助及日本东北大学反应化学研究所饭野雅教授、原日本东京大学工学部反应化学科神谷佳男教授（现日本东京大学名誉教授、日本东京理科大学工学部教授）、原日本东京大学先端技术研究中心主任二木锐雄教授（现日本东京大学名誉教授）、原日本东京大学大学院工学系研究科化学生命工学专攻文部二村森副教授（现日本产业技术综合研究所大气圈环境保全部励起化学研究室长）、日本东京大学大学院工学系研究科化学生命工学专攻文部技官小方英辅先生、日本三井造船株式会社技术本部和技术总括部主管村田逞诠博士、太原理工大学校长、博士研究生导师谢克昌教授、华东理工大学资源与环境工程学院副院长、博士研究生导师高晋生教授、大连理工大学化学工程学院博士研究生导师郭树才教授和胡浩权教授、煤炭科学研究总院北京煤化学研究所博士研究生导师戴和武研究员、陈鹏研究员和吴春来研究员、中国科学院山西煤炭化学研究所博士研究生导师周敬来研究员和王洋研究员及中国科学院广州能源研究所所长陈勇研究员的悉心指导和大力支持；本书的出版得到中国科学院科学出版基金和国家自然科学基金委员会优秀研究成果专著出版基金的联合资助。作者谨表示由衷的感谢。

　　中国科学院科学出版基金委员会聘请的评审专家对本书初稿的内容提出诸多宝贵的意见和建议；科学出版社杨淑兰编审和刘俊来编辑等为本书的出版付出了辛勤的劳动；博士研究生伍林、冀亚飞、刘振学、袁新华和王晓华，硕士研究生沈凯、李红旗、翟富民、周仕禄、熊玉春、许忻、陆瑾、顾晓华和倪中海，本科生葛瑞琴和蔡成伟等参与了本书作者的有关研究工作；日本产业技术综合研究所博士后研究员李春启博士为本书的撰写及时提供了所需的文献资料。作者谨表示深切的谢意。

　　本书依据的基础知识主要是有机化学、物理化学、有机地球化学和煤化学。如果本书的内容能对有关专业的学生和研究者有所裨益，作者将感到十分荣幸！

作　者
2001 年 10 月

目　录

1 煤液化——温和高效的煤转化工艺

1.1 煤的基本性质

常压下蒸馏原油,可以得到气态烃、石脑油、煤油和柴油等馏分,即通过蒸馏这一物理的方法可以从原油中分离出大量的轻质组分。然而,采用常压蒸馏的方法从煤中分离轻质组分十分困难。其原因是煤与原油的物理性质和化学组成大相径庭。

众所周知,与原油不同,煤是固体。随变质程度不同煤的性质有所不同乃至差别很大,从煤中可用物理方法分离出的像气态烃、石脑油、煤油和柴油等的轻质组分含量很少。煤中的轻质组分基本上被吸附在煤颗粒的微孔中,通过普通蒸馏的方法难以被分离出来。

与原油相比,煤中含有较多的无机矿物质及硫、氧和氮等杂原子,煤中有机质的 C/H 原子比也比原油大得多。尽管煤本身组成不均一,但难挥发、绝大部分有机质分子量较大且富含芳环是煤具有的基本性质。

1.2 煤液化的基本原理

顾名思义,煤液化应该是将煤由固态转化为液态的过程。然而,实际上煤液化涉及一系列复杂的化学反应。

尽管人们尚不了解煤中有机质大分子的确切结构,但可以将煤中有机质大分子的结构分为两大部分予以描述,即含有芳环和脂环的结构单元部分及连接结构单元的桥键部分,其中桥键包括直接连接两个芳环的共价键 Ar—Ar′(Ar 和 Ar′表示两个不同的芳环)和芳环之间含有的—CH_2—、—O—和—S—等的共价键[1,2]。图 1-1 至图 1-3 分别是 Given[3]、Wiser[1] 和 Shinn[2] 提出的煤的分子结构的模型。Given 提出的模型(图 1-1)代表煤中较稳定的结构,表示难以液化的煤种;在 Wiser 提出的模型(图 1-2)中可以看到如 Ar—Ar′、Ar—CH_2—Ar′、Ar—CH_2—CH_2—Ar′、Ar—CH_2—CH_2—CH_2—Ar′、Ar—O—CH_2—Ar′、Ar—O—Ar′和 Ar—S—Ar′等典型桥键;而 Shinn 则指出,煤中含有镶嵌在大分子网络中的小分子(见图 1-3)。最近,Takanohashi 等基于对美国 Upper Freeport(UF)煤的吡啶不溶物(PI)的元素分析结果和诸如平均分子量、芳香度、芳环缩合度和芳环取代度等结构参数,提出如图 1-4 所示的该PI的结构模型[4],根据该结构模型,Ar—CH_2—Ar′和

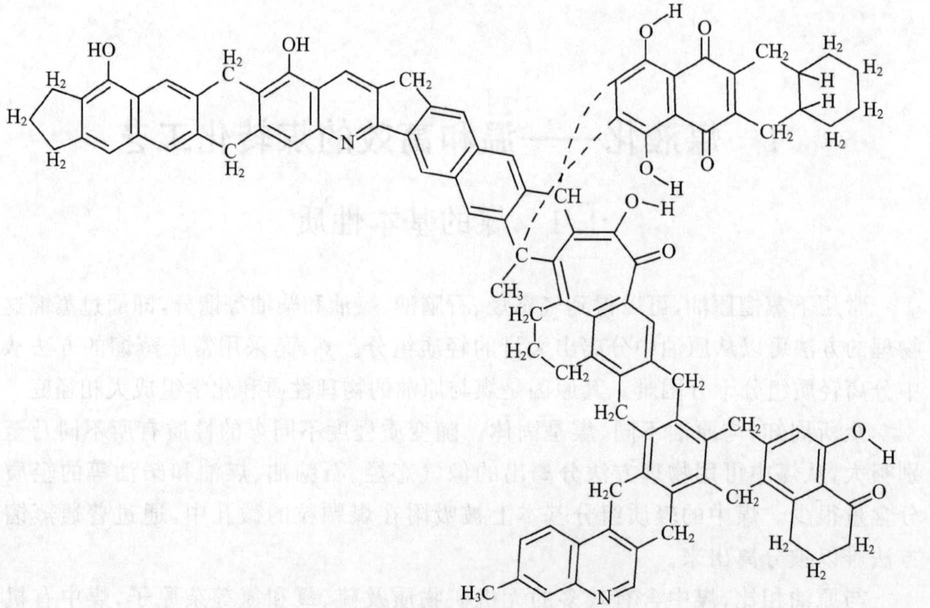

图 1-1　Given 提出的煤的分子结构模型

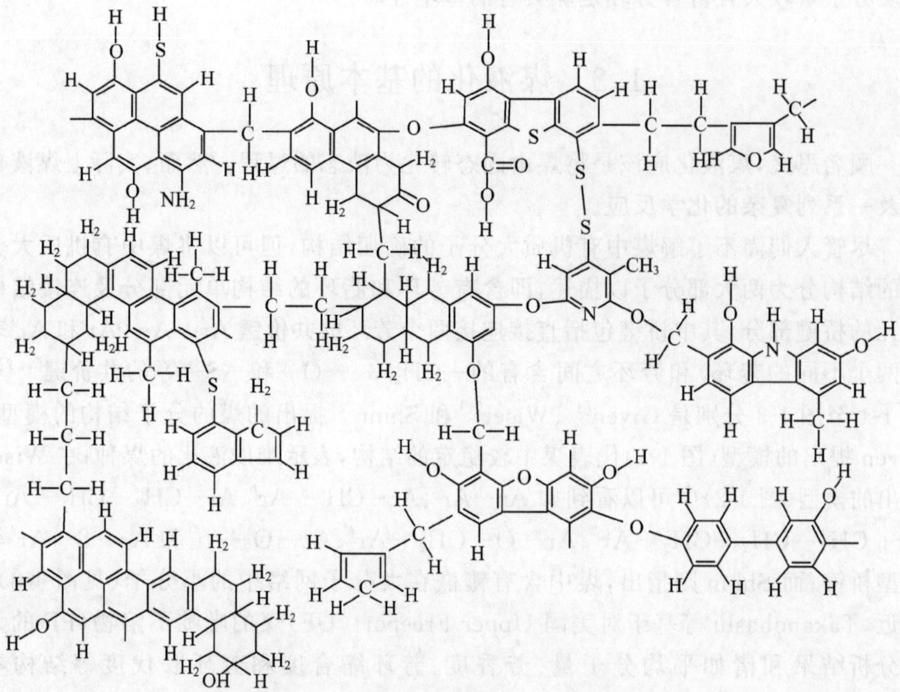

图 1-2　Wiser 提出的煤的分子结构模型

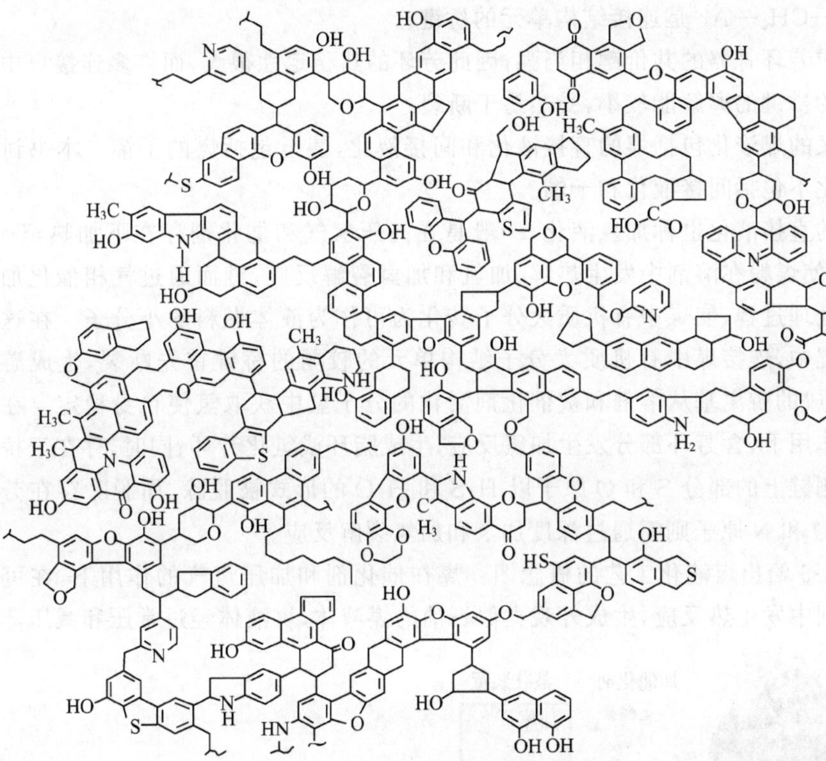

图 1-3 Shinn 提出的煤的分子结构模型

$C_{ar}73; C_{al}22H; 66; N2; O5$

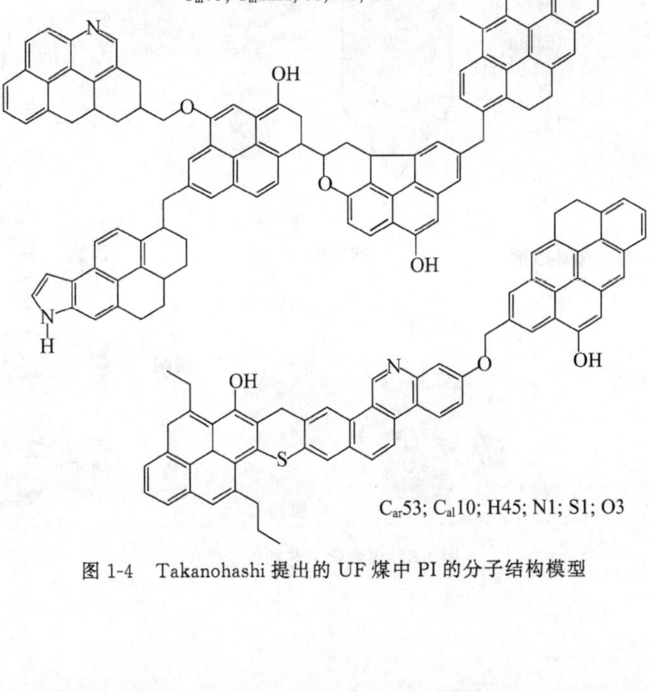

$C_{ar}53; C_{al}10; H45; N1; S1; O3$

图 1-4 Takanohashi 提出的 UF 煤中 PI 的分子结构模型

Ar—O—CH$_2$—Ar′是连接结构单元的桥键。

构成芳环骨骼的共价键相当强,因此芳环的热稳定性很大,而许多连接煤中结构单元的桥键的离解能较小,受热易于断裂。

广义的煤液化包括煤的直接液化和间接液化,甚至包括煤的干馏。本书讨论的煤液化不包括间接液化和干馏。

煤的直接液化也称加氢液化,一般是在高压氢气和催化剂存在下加热至 400～450℃使煤粉在溶剂中发生热解、加氢和加氢裂解反应,继而通过气相催化加氢裂解等处理过程,使煤中有机质大分子转化为可作为液体燃料的小分子。在这些反应过程中,连接煤中有机质大分子结构单元的较弱的桥键首先断裂,生成游离基,所生成的游离基从溶剂和被催化剂活化的分子氢中获取氢使自身稳定。在催化剂的作用下,含芳环部分发生加氢反应,生成脂环或氢化芳环;同时,存在于桥键和芳环侧链上的部分 S 和 O 原子以 H$_2$S 和 H$_2$O 的形式被脱除,而脱除存在芳环内的 S、O 和 N 原子则需通过深度加氢和加氢裂解反应。

图 1-5 给出煤液化工艺的概念图。煤在催化剂和加压氢气的作用下,在可循环的溶剂中发生热反应,生成外观类似石油的煤液体,煤液体经过常压和减压蒸馏

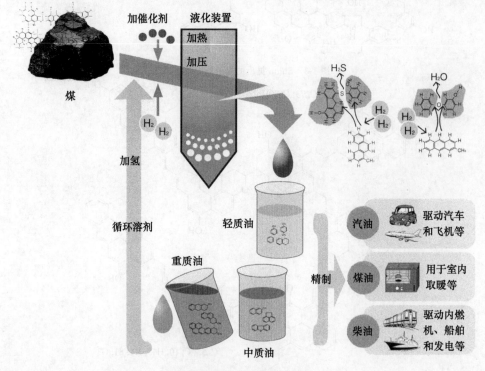

图 1-5　煤液化工艺的概念图

可以得到轻质油、中质油和重质油,这些馏分经过气相催化加氢裂解,可分别精制成作为家用及各种运输工具使用的汽油、煤油和柴油。

1.3 液化用煤种的选择

煤液化的反应性与所用煤种关系很大。由于人们尚无法了解煤中有机质各组分确切的分子结构,对包括煤液化在内的煤转化的反应性,从煤质角度的评价基本上停留在煤的工业分析、元素分析和煤岩显微组分含量分析的水平上。此外,用核磁共振(NMR)波谱法和傅里叶变换红外(FTIR)光谱法所测定的诸如芳环上碳的原子数(C_a)、芳环上氢的原子数(H_a)、与芳环直接相连的碳原子上的氢的原子数(H_α)、芳环侧链末端甲基上的氢的原子数(H_γ)、芳环侧链其他氢的原子数(H_β)、芳环碳指数(f_a)、单元结构中的芳环数(R_{aus})和芳环缩合度(H_{aus}/C_{aus})等煤结构参数[5]也是预测煤转化反应性的重要指标。

一般认为,煤岩显微组分中镜质组和壳质组是煤液化的活性组分[6~8],即煤岩显微组分中镜质组和壳质组的含量越高越容易液化。Cai 等[9]的研究结果表明,对碳含量相近的样品而言,可析出的总挥发分按壳质组>镜质组>惰质组的顺序减少。Neavel 研究了干基无灰碳(C(daf))含量从 90.2% 到 90.6% 的 7 种煤在 400℃下的液化反应,发现煤转化成苯可溶物和气体产物的量大致上随煤中 C(daf)含量的增加而减小;仅反应 5 min 取出后煤中原来的镜质组组分就几乎可以完全溶于吡啶中,反应约 10 min 这些组分就可以扩散到四氢萘(THN)中[10]。

凌开成和邹纲明[11]研究了 3 种兖州烟煤与石油渣油的共处理,他们的结论是:煤中 H/C 比与这 3 种煤的转化率有良好的相关性,H/C 比越高,转化率越大;煤中有机显微组分中的镜质组和稳定组含量越高,转化率也越大。邹纲明等[12]还考察了平朔煤显微组分与低温煤焦油及石油渣油的共处理,根据实验结果认为煤中镜质组和稳定组是煤油共处理反应的活性组分,丝质组很难转化。

贵传名等[13]分别考察了在 380℃和 420℃下由供氢化合物 9,10‑二氢菲(DHP)和 9,10‑二氢蒽(DHA)向 C(daf)含量为 78%~91% 的 16 种煤的氢转移反应,结果表明:随着煤中 C(daf)含量的增加,由 DHP 和 DHA 向煤转移的氢呈减少的趋势;高温有利于氢转移反应的进行;在 380℃下 DHA 向煤转移的氢较多,而在 420℃下由 DHP 向煤的氢转移更容易进行。

煤炭科学研究总院北京煤化学研究所近 20 年来对我国十几个省和自治区的气煤、长焰煤和褐煤的液化特性进行了试验,筛选出 14 种液化特性优良的煤种,这些煤种的分析数据和试验结果列于表 1-1[14]。其中 10 种煤的镜质组含量超过 90%,油收率基本介于 59% 和 71% 之间。值得注意的是,抚顺煤的镜质组含量仅为 63.55%,但油收率却高达 69.04%。这可能与该煤中惰质组易液化的特殊结构有关。

表 1-1 用于直接液化的中国 14 种优选煤种的分析数据和液化试验结果

煤种	煤岩组分含量/%			R^0_{max}	液化试验试验结果/%(相对于干基无灰煤)				
	镜质组	壳质组	惰质组		转化率	油收率	水产率	气产率	氢耗量
沈北	92.91	5.32	1.77	0.296	95.07	65.98	17.70	16.36	6.75
海拉尔	94.65	0.68	4.66	0.380	96.75	64.08	14.67	16.63	5.31
元宝山	97.85	0.18	1.97	0.470	93.62	63.62	14.93	16.29	5.95
胜利	97.70	0.90	1.40	0.244	97.02	62.34	20.00	17.87	5.72
先锋	97.71	1.46	14.50	0.235	97.91	62.68	18.83	17.43	6.21
兖州	84.02	1.48	14.50	0.614	92.71	66.14	9.58	17.74	4.49
滕州	83.08	3.94	12.98	0.626	94.60	62.50	10.82	17.30	5.41
龙口	90.97	2.72	6.31	0.486	93.38	65.88	15.99	15.63	5.40
柠条塔	74.23	1.43	24.34	0.534	89.63	58.99	12.73	16.22	5.62
梅河口	96.96	2.36	0.67	0.455	95.25	67.07	14.61	16.98	5.95
阜新	95.02	2.83	2.15	0.487	95.00	61.68	14.55	14.87	5.58
抚顺	63.55	7.03	29.42	0.460	95.05	69.04	10.13	14.27	4.48
依兰	96.74	1.79	1.47	0.495	93.76	67.60	11.33	16.90	5.90
天祝	91.99	5.18	2.83	0.567	96.67	71.33	11.57	14.59	6.47

津久井和桥本[15]最近报道了日本用于日处理 0.01 t 和 0.1 t 原煤的小型装置试验的中国、日本、印度尼西亚、澳大利亚、加拿大和美国共 20 余种原煤的工业分析和元素分析数据。这些煤中的挥发分以中国依兰煤最高,达 52.6%,美国 Black Butte 煤最低,为 34.7%;H/C 比以日本太平洋煤最高,达 1.060,神木上弯煤最低,为 0.732(见表 1-2)。由这些煤液化所得的成品油收率介于 45% 和 62% 之间。尽管神木上弯煤的 H/C 比较低,但却表现出良好的液化特性,可能与其有机质中镜质组含量较高有关[14]。

煤中官能团对煤液化也起着重要作用。Grigoriev 和 Grigorieva 的研究结果[16]表明,煤中或煤衍生物中的官能团及某些成分在促进煤液化反应方面的重要性按酯>苯并呋喃>内酯>含硫成分>萜烯>二苯并呋喃>脂环酮的顺序减小,其中在含氧官能团中酯对煤液化起着重要作用。Grigorieva 等[17]认为酯所起的作用并非破坏 C—O 键,而是通过减少中间体芳环的数目增加液体产物的收率。另外,含氧官能团也可能与催化剂作用形成活性中心[16]。煤中固有的和在煤液化过程中产生的酚类化合物被认为影响煤的降解和反应性[18]、煤液体提质为燃料油的工艺[19]及煤液体的稳定性[20]。Pauls 等[21]认为,由于易与煤液体中的诸多化合物发生反应生成大分子,大多数酚类化合物对煤液化起着负面作用。

表 1-2 用于小型装置液化试验的煤的性质

| 煤种 | 产地 | V_{daf}/% | FC_{daf}/% | A_d/% | 元素分析/%,daf | | | | | O/C | H/C |
					C	H	N	S	O		
依兰	中国	52.6	38.2	9.2	78.0	5.7	1.57	0.39	14.33	0.138	0.871
神木上弯	中国	36.1	55.6	7.3	81.2	5.0	1.02	0.14	12.65	0.117	0.732
天祝	中国	43.8	48.2	8.0	79.5	6.0	1.92	1.25	11.40	0.108	0.898
海州	中国	35.6	56.6	7.8	80.1	5.1	1.29	0.67	12.86	0.120	0.785
老虎台	中国	39.2	53.8	7.0	81.2	5.6	1.27	0.49	11.44	0.106	0.821
太平洋	日本	46.6	37.5	15.9	77.5	6.9	1.10	0.30	14.20	0.137	1.060
幌内	日本	49.3	43.8	6.9	80.5	6.6	1.30	0.20	11.40	0.106	0.976
池岛	日本	40.3	50.5	9.2	83.0	5.9	1.93	1.00	8.73	0.079	0.843
Kideco Pasir	印度尼西亚	45.5	51.4	3.1	74.0	5.7	1.30	0.40	18.60	0.189	0.917
Adaro	印度尼西亚	48.5	50.3	1.2	73.0	5.1	1.14	0.13	20.63	0.212	0.825
Tanito Harum	印度尼西亚	43.7	47.5	4.5	76.8	5.6	1.60	0.22	15.90	0.155	0.868
Kaltim Prima	印度尼西亚	43.9	54.3	1.8	80.2	5.7	1.80	0.42	11.91	0.111	0.842
Wandoan	澳大利亚	47.1	44.8	8.1	76.9	6.0	0.98	0.28	15.84	0.154	0.929
Ebenezer	澳大利亚	41.1	48.9	10.0	78.2	5.9	1.54	0.59	13.77	0.132	0.898
Battle River	加拿大	38.6	51.1	10.3	72.9	5.3	1.56	0.61	19.68	0.203	0.866
Egg Lake	加拿大	36.9	48.6	14.5	71.8	5.1	1.40	0.41	21.34	0.223	0.843
Drumheller	加拿大	38.1	52.6	9.3	74.0	5.3	1.68	0.59	18.43	0.187	0.853
Obed Marsh	加拿大	36.0	50.6	13.4	75.8	5.6	1.70	0.43	16.47	0.163	0.880
Wabaman	加拿大	38.5	47.4	14.1	72.8	5.2	1.56	0.43	20.01	0.206	0.850
River King	美国	40.9	48.1	11.0	78.6	5.8	1.10	3.59	10.91	0.104	0.878
Black Thunder	美国	44.0	49.6	6.4	74.8	5.2	0.93	0.51	18.56	0.186	0.828
Coal Creek	美国	42.5	49.4	8.2	74.8	5.7	1.24	0.51	18.25	0.183	0.907
Black Butte	美国	34.7	54.7	10.6	77.7	5.0	1.55	0.46	15.60	0.151	0.766
Spring Creek	美国	42.7	52.6	4.7	75.9	5.4	0.94	0.37	17.80	0.176	0.847
Burning Star	美国	39.3	50.6	10.1	78.3	5.5	1.57	3.50	10.80	0.103	0.836
Murdock	美国	41.7	50.6	7.7	80.0	6.0	1.60	2.40	10.00	0.094	0.893
Fidelity	美国	38.5	50.5	11.0	78.3	5.6	1.60	3.50	10.70	0.102	0.851
Skyline	美国	49.4	41.4	9.2	80.8	5.5	1.42	0.25	12.07	0.112	0.804

人们在液化用煤种的选择方面做了不懈的工作,但迄今尚未建立煤的组成和物理性质等与液化特性的良好的对应关系,根本原因在于煤的不均一性和煤结构的复杂性。选择液化煤种的大致原则是 H/C 比较高、挥发分较高、镜质组和壳质组含量较高、无机矿物质含量较低。

1.4　煤液化工艺与其他煤转化工艺的对比

迄今为止所开发的煤转化工艺基本属热转化工艺,包括煤的燃烧、气化、高温干馏、低温干馏和液化。表 1-3 比较了在处理同量煤的情况下这些煤转化工艺所需的设备投资、对所需煤种的局限性、操作条件、转化过程的污染程度和产品情况。

表 1-3　几种典型的煤转化工艺的比较

	燃烧	气化	高温干馏	低温干馏	液化
设备投资	小	较大	较大	较小	大
煤种局限性	小	较小	较大	较小	大
反应温度/℃	750~1100	800~1400	900~1200	550~650	400~450
反应压力	常压或中压	常压或中压	常压	常压	高压
污染程度	严重	较轻	较严重	较严重	轻
产品	热能、电能	煤气	焦炭、煤气、焦油	半焦、焦油	液体燃料、化学品

燃烧是最简单的煤转化工艺,具有设备投资小和可用煤种范围大的优点,但燃烧过程中排放的 CO、CO_2、SO_x、NO_x 和烟尘等造成严重的环境污染,且煤的直接燃烧热效率很低。通过燃前(主要是煤的洗选)、燃中(如用石灰石脱硫)和燃后(主要是烟气净化)处理可以减少 SO_x、NO_x 和烟尘的排放量,但相对于低附加值的热能和电能而言,处理成本较高,且通常对 CO 和 CO_2 的排放无能为力。

煤的气化即煤在高温下与气化剂(空气、纯 O_2、H_2O 或 H_2)反应使煤中有机质转化为 CO、CH_4 和 H_2 的过程。煤的气化工艺一般比燃烧复杂,设备投资较大,对所用煤种也有一定的限制,一般要求使用不粘煤。产生的 CO、CH_4 和 H_2 可作为燃料气和合成气。但作为燃料气利用,面临天然气的强有力的竞争,后者无论在价格方面还是在洁净程度方面都具有明显的优势;作为合成气利用其本身的附加值并不高,而用于合成高附加值产品往往需要很长的合成路线。据报道,以开发煤间接液化工艺并成功地实现工业生产而闻名于世的南非 Sasol 公司已决定 3 年内停止用原煤而改用天然气合成液体燃料和化学品[22]。

高温干馏工艺与钢铁工业有着密切的联系,所得主要产品焦炭是钢铁工业的重要原料,副产物焦油(高温焦油)的产率一般占原料煤的 3%~8%(其中 60% 左右为焦油沥青),是芳香族化合物特别是稠环芳香族化合物的重要乃至主要来源。但随着世界范围内钢铁工业的萎缩和高炉喷煤技术的大规模推广应用,对焦炭的需求量呈下降趋势,副产物焦油的产量只能随着焦炭产量的减少而减少。另外,高温干馏工艺对环境造成的较严重污染也限制了其进一步的发展。

通过低温干馏可以产生产率高达 30% 的焦油(低温焦油)。但低温焦油中含有较多的苯族烃和酚类,组成一般比高温焦油复杂。葛宜掌的研究结果[23]表明,在煤的低温热解焦油中仅检测出的酚类产物就多达 60 余种。从组成如此复杂的混合物中分离化学品相当困难。

半焦是低温干馏的主要产品。一般认为通过低温干馏过程中的热解反应可以使煤中的 S 以 H_2S、COS 和 CS_2 的形式逸出,从而使半焦作为较洁净的固体燃料利用。但也有研究者指出,热解反应产生的 H_2S 可与半焦中的碱性矿物质作用生成难挥发的硫化物残存于半焦中,使半焦的 S 含量增加[24]。

如果仅就反应温度而言,煤液化堪称最温和的煤转化工艺。但由于需要使用高压氢气,且工艺分液相加氢裂解和气相加氢裂解,其中液相加氢裂解所用催化剂难以回收利用,加之煤液化工艺对煤种的要求也比较苛刻,使通过煤液化获取燃料油的成本居高不下。

1.5 煤液化工艺的发展状况和前景

1.5.1 煤液化工艺的发展状况

德国是最早开发煤液化工艺的国家,所得液体燃料曾在很大程度上满足了战争的需要。经过不断改进,德国开发了 IGOR 工艺。该工艺被认为是世界上最先进的煤液化工艺,用该工艺生产的燃料油的成本比原来的 IG 工艺降低 20%。

美国在煤液化工艺的开发方面也做了大量的工作,所开发的代表性工艺包括溶剂精炼煤法、氢煤法、供氢溶剂法、两段催化液化法和煤-油共炼法。

日本的煤液化研究与开发已有 70 余年的历史。日本南满铁道株式会社于 1925 年开始进行基于 Bergins 法的煤液化基础研究,10 年后进行了工艺开发单元(process development unit)规模的试验。基于该试验的成果,在中国抚顺煤矿建立了年产 20000 t 液化油的工厂,该工厂一直运行至 1943 年。1938~1943 年,朝鲜人造石油株式会社在阿吾地工厂成功地进行了日处理 100 t 煤的煤直接液化厂的连续运转。

第二次世界大战后,因被认为与军事研究有关,日本的煤液化研究被驻日美军强令禁止。1955 年,日本的一些国立研究所和大学重新开始研究煤液化,但其目的不是为了生产液化油,而是通过高压加氢裂解获取化学品。该研究一直持续到 1975 年。

第一次石油危机后的 1974 年,为了确保稳定的能源供应,日本开始实施阳光计划。作为以替代石油为目的的能源开发的一环,日本致力于开发拥有独立知识产权的煤液化技术。其中在烟煤液化方面,日本分别开发了溶解反应、溶剂萃取和直接加氢三种方法。溶解反应法和溶剂萃取法都发展到日处理 1 t 原煤的规模,用直接加氢法进行了日处理 2.4 t 原煤的试验。这三种方法的试验完成后,日本为了将试验扩大至示范规模于 1983 年将三种方法合为一体,构成日本独特的煤液化工艺。

图 1-6 所示的就是被称为 NEDOL(new energy development organization liquefaction)法的充分发挥上述三种方法特长的集成工艺框图。NEDOL 法主要吸纳了溶解反应法的重质溶剂利用技术、溶剂萃取法的溶剂加氢技术和直接加氢法的高性能催化剂技术。由此所形成的 NEDOL 法具有以下特征:

(1) 适应该方法的煤种范围较广,从次烟煤到煤化程度较低的烟煤均可用 NEDOL 法液化;

(2) 由于使用了微粉铁系催化剂和供氢重质溶剂,在温和条件下可以高收率地得到液化油和轻质油馏分;

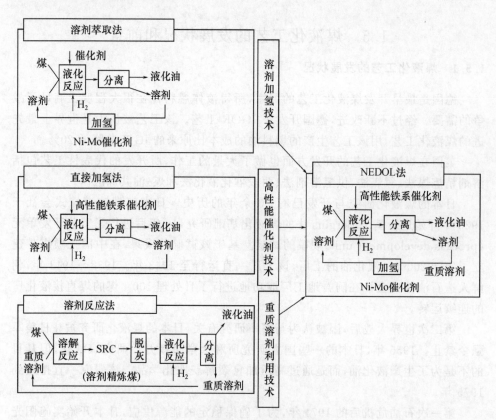

图 1-6　NEDOL 法的集成工艺框图

(3) 工艺的稳定性和可靠性较高。

日本近 20 年在煤液化工艺开发方面投入资金达 2000 亿日元。作为解决能源问题的阳光计划的核心项目之一,日本的煤液化工艺开发分两组实施,即褐煤液化项目组和烟煤液化项目组。前者在日本国内(高砂)0.1 t/d 褐煤液化实验的基础上,在澳大利亚建立了 50 t/d 褐煤液化示范装置,并于 1990 年成功地完成了运转研究;后者基于在君津的 1 t/d 烟煤液化实验的结果,1997 年 7 月在鹿岛建成 150 t/d 烟煤液化示范装置。经过近 20 年坚持不懈的努力,日本的煤液化技术已接近世界的先进水平。

使用廉价的黄铁矿作为催化剂是日本煤液化技术的重要特色之一。平野等[25]用各种粉碎机粉碎天然黄铁矿,对粉碎后的黄铁矿的催化性能等进行了评价。根据他们研究的结果,为了使所得微粉黄铁矿适用于煤液化示范试验,应在含氧量少的循环溶剂中对天然黄铁矿进行湿式两段粉碎,即先将天然黄铁矿在湿式球磨机中进行粗粉碎,然后在湿式搅拌研磨机中于惰性气氛下进行微粉碎至平均粒径为 0.7 μm,所得微粉黄铁矿浆液是高黏度的拟塑性流体,其催化性能可与合成 FeS_2 相媲美;调节浆液中微粉黄铁矿的浓度为 60%～70%,用大口径管倾斜输送,可以抑制工艺过程中浆液的相分离和在输送管内的残留。

我国煤液化工艺开发的工作主要由煤炭科学研究总院北京煤化学研究所承担。该所与国外合作 10 多年来建立了三套煤液化小型连续试验装置,对我国十几个省、自治区的多种煤进行了液化特性试验研究,优选出 14 种液化特性较好的煤种[26]。在前期工作的基础上,拟与德国合作在云南建立 5000 t/d 褐煤液化示范厂[27]。另外,中日两国合作采用日本开发的 DEDOL 工艺对黑龙江依兰煤液化的可行性进行了研究,中美两国正在合作采用美国开发的 HTI 工艺研究神华煤液化的可行性[28]。

1.5.2 煤液化工艺的发展前景[29]

尽管国内外在煤液化工艺开发方面已做了大量工作,但仍有许多问题尚待解决。这些问题包括如何使反应条件温和化、操作工艺简易化和产品高附加值化。

先进的煤液化工艺应是在低污染和低消耗(包括物料消耗和能量消耗)的条件下使煤尽可能多地转化为洁净、高热值的液体燃料和高附加值的化工原料。目前国内外所开发的煤液化工艺的反应温度大约在 450℃左右,在该温度下生成气体小分子和聚合物大分子的反应仍很激烈,目的产物的选择性难以提高且维持高温能耗较大,因较多的气体小分子生成而导致氢耗量增加;由于未能解决催化剂的回收问题,不得不使用廉价、低活性的“可弃型”催化剂,而使用该类催化剂时对煤液化的促进效果不大,丢弃时还会造成环境污染;通常以富含芳香族化合物的馏分作为溶剂,由于该类溶剂在催化剂表面的强烈吸附作用,也降低催化剂的活性。采用高性能(具有高活性、选择性、抗毒和抗积碳性及长使用寿命等)的催化剂和适宜(既具有优良的溶煤能力,又不抑制催化反应,且易回收循环使用)的溶剂,可望在降低反应温度的同时提高目的产物的收率,需要重点解决的是催化剂的回收问题。

利用诸如二硫化碳-N-甲基-2-吡咯烷酮(NMP)混合溶剂等具有优良的溶煤能力的溶剂对煤进行预处理,去除包括无机矿物质在内的不溶物,以所得精煤为原料进行催化加氢和加氢裂解反应,对反应混合物用同种溶剂萃取,可望有效回收催化剂,解决煤液化工艺中的一大难题。解决催化剂的有效回收问题,使煤液化在较低的温度(如250～350℃)下进行,对实现煤液化工艺的简易化也具有重要意义。煤液化工艺的简易化还要求对设备的材质、结构、组合和连接方式进行改进。

通过煤液化获取化学品应是煤液化研究和工艺开发的最终发展方向。从获取化学品的角度而言,更有必要从分子水平上了解煤的结构,以设计适宜的反应条件对煤的大分子进行“裁剪”,使所得煤液体组分不致于过分复杂,便于分离精制。由煤液化获取精细化学品还需要一个“缝制”的过程,即以从煤液体分离的芳香族化合物为主要原料,合成诸如农药、医药、涂料、染料和功能高分子材料等产品,这些产品中的许多(诸如功能高分子材料等)已应用于高新技术领域。因此,开发先进的煤液化工艺,特别是获取化学品的煤液化工艺对发展高新技术也具有重要影响。对“缝制”这一涉及芳香族化合物转化的过程还需做大量的研究工作。

煤液化是涉及煤化学、有机化学、物理化学和化学工程等多学科的系统工程,深入开展煤液化的基础研究不仅对开发先进的煤液化工艺具有重要的指导意义,而且可以促进相关学科的发展。

尽快使煤液化产业化以解决我国液体燃料日益短缺的问题是我国许多煤液化研究者的共同心愿,但由于需要高投入,根据我国的国力实施煤液化产业化要谨慎从事,尚需在基础研究和工艺开发方面做深入和细致的研究工作,解决尚存在的各种问题,在条件成熟时争取国际合作进行煤液化工业性试验,在确保煤液化的工艺的低消耗、低污染和高产出的前提下实施产业化工程。

参 考 文 献

[1] Wiser W H. Proceedings of EPRI Conference on "Coal Catalysis", Santa Monica, California, USA, 1973, p 3

[2] Shinn J H. Fuel, 1984, 63 (9): 1187～1196

[3] Given P H. Fuel, 1960, 39(2): 147

[4] Takanohashi T, Nakamura K, Terao Y, Iino M. Energy & Fuels, 2000, 14 (2): 393～399

[5] 神谷佳男,真田雄三,富田彰. 石炭と重質油その化学と応用,東京:講談社,1979,39～41

[6] Whitehurst D D, Mitchell T O, Farcasiu M. Coal Liquefaction, New York: Academic Press, 1980

[7]　郭崇涛. 煤化学,北京:化学工业出版社,1992

[8]　钟蕴英,关梦嫔,崔开仁,王惠中. 煤化学,徐州:中国矿业大学出版社,1995

[9]　Cai H Y, Megaritis A, Messenbock R, Dix M, Dugwell D R, Kandiyoti R. Fuel, 1998, 77(12): 1273
　　　～1282

[10]　Neavel R C. Fuel, 1976, 55 (7): 237～242

[11]　凌开成,邹纲明. 煤炭转化,1997,20(2):62～66

[12]　邹纲明,凌开成,申峻. 煤炭转化,1997,20(4):69～74

[13]　貴傳名甲,阪東信雄,村田聰,野村正勝. 日本エネルギー学会誌,1999,78(8):680～687

[14]　朱晓苏. 煤炭科学研究总院博士学位论文,2000

[15]　津久井裕, 本孝雄. 日本エネルギー学会誌,1999,78(10):827～834

[16]　Grigoriev F N, Grigorieva E N. Prospects for Coal Science in the 21st Century, Shanxi Science &
　　　Technology Press, 1999, I: 251～254

[17]　Grigorieva E A, Lesnikova E B, Grigorieva E A. Chemistry of Fossil Fuels, 1992, 2: 58

[18]　McClennen W H, Meuzelaar H L C, Metcalf G S, Hill G R. Fuel, 1983, 62: 1422～1429

[19]　Sullivan R F. Prepr Pap-Am Chem Soc, Div Fuel Chem, 1986, 31(4): 280～293

[20]　Renaud M, Chantal P D, Kaliaguine S. Can J Chem Eng, 1986, 64(5): 787～791

[21]　Pauls R E, Bambacht M E, Bradley C, Scheppele S E, Cronauer D C. Energy & Fuels, 1990, 4: 236
　　　～242

[22]　2000 年 8 月 16 日中国化工报第 5 版

[23]　葛宜掌. 煤炭转化,1997,20(1):20～26

[24]　Cypres R, Furfari S. Fuel, 1982, 61(5): 453～459

[25]　　野勝巳,鈴木喜夫,三宅義輝,高津淑人,上田成,小林正俊. 日本エネルギー学会誌,1999,78(1):42
　　　～52

[26]　朱晓苏. 煤化工,1997,(3):32～39

[27]　吴立新. 洁净煤技术,1996,2(1):62

[28]　成玉琪,俞珠峰. 洁净煤技术,2000,2(6):5～15

[29]　魏贤勇,宗志敏,秦志宏,刘建周,李红旗. 煤炭转化,1998,21(1):21～24

2 煤的组成结构和煤相关模型化合物

煤的组成结构的研究历来是煤化学研究的核心,尤其对深入揭示煤液化机理至关重要。但由于煤组成结构的复杂性、多样性和非均一性,长期以来人们对煤的认识基本停留在煤阶、煤岩类型与工艺性质的关系上。实际上,在研究煤的组成结构中面临的最大困难应该是煤的难溶性和难挥发性。随着研究方法的改进和分析测试手段的进步,这些困难正在逐渐被克服。

煤相关模型化合物一般是指具有煤中有机质结构特征的化合物。深入研究这些化合物的反应有助于推测包括煤液化在内的煤转化反应机理。

2.1 煤 的 溶 胀

溶胀是高分子物理中的一个概念,用于描述交联聚合物在溶剂中不溶解而溶胀的现象。某些有机溶剂可以与煤中的有机质发生强烈的相互作用,导致煤中的诸如氢键等非共价键断裂,从而破坏由煤中非共价键形成的交联网络结构,这一过程通常被称为煤的溶胀。

2.1.1 煤的溶胀行为[1]

近年来,借鉴高分子物理中溶胀的概念及相应的研究方法,许多煤化学研究者对煤分子间的作用力及煤与溶剂间的相互作用行为进行了广泛的研究[2~12]。虽然煤具有交联聚合物特有的可溶胀性,但其溶胀行为却与交联聚合物大相径庭。例如煤的溶胀率远比交联聚合物的小,且溶胀率曲线的正态分布性也不很好[4,13,14]。这些现象说明煤分子间的作用力即非共价键具有特殊性。尽管非共价键的键能一般小于 $10 \text{ kJ} \cdot \text{mol}^{-1}$[15],远小于共价键的键能,但煤中有机质的分子量一般较大,分子间非共价键作用的位置较多,这些非共价键作用力的相互叠加是煤难溶的重要原因之一。

氢键是形成煤中有机质分子缔合结构的主要非共价键,也是煤与溶剂之间的主要作用力之一。氢键对煤的溶解和溶胀行为起着重要的作用。煤化程度不同的煤以及经碱或酸处理后煤的溶胀率发生的变化均与煤中氢键的变化有关。

煤分子中可与溶剂形成氢键的活性位置有羟基、吡啶环上的 N、吡咯 N 上的 H、酮和酯中的羰基 O 及芳环共轭体系中富电子的 π 电子云。当使用四氢呋喃

(THF)、环己酮、吡啶和 NMP 等富电子的氢键受体型溶剂时,煤与溶剂间的氢键最可能发生在煤分子中的羟基与溶剂间,并且煤分子中的羟基以酸的形式出现,相应地,富电子的溶剂以碱的形式出现[16, 17]。吡咯 N 上的 H 虽然也可给出质子与氢键受体溶剂形成氢键,但煤中的 N 含量一般很低,所以这类氢键不是主要的。当使用醇类溶剂时,煤-溶剂间的氢键则可能发生于煤的富电子部分,如吡啶环上的 N、双键和芳环平面等。此时,煤则是氢键受体,以碱的形式出现,而醇类溶剂则以酸的形式出现。

由于烟煤中大部分羟基以酚羟基的形式存在,对氟苯酚(PFP)可用作煤分子中含羟基的模型化合物,研究溶剂与煤分子间的氢键强度(以氢键生成热——ΔH_f 表示)[4, 18],有关参数如表 2-1 所示。图 2-1 和图 2-2 分别给出环己酮萃余煤和 CS_2-NMP 混合溶剂萃余煤在苯、甲苯、THF、环己酮和吡啶中溶胀率与 PFP -溶剂间的氢键生成热的关系,其中溶胀率参照文献报道的方法[13]测定。表 2-2 给出所用几种煤的工业分析和元素分析数据。沈北、义马、福古、双鸭山和枣庄煤的溶胀率均随 PFP 与溶剂间生成热的增大而增加,表明煤-溶剂间的氢键强度对煤的溶胀行为起重要的作用。煤在苯和甲苯等非极性溶剂中的溶胀率最低是因为煤中羟基与苯等溶剂形成的氢键强度最小,其氢键类型主要是羟基与苯环上 π 电子云间的 OH$\cdots\pi$ 氢键;而羟基与氧原子间的氢键强度有所增强,煤在环己酮和 THF 等含 O 溶剂中的溶胀率也随之增加;羟基与吡啶及 NMP 中 N 上的孤

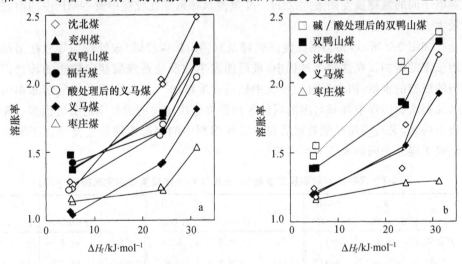

图 2-1 萃余煤在苯、甲苯、THF、环己酮和吡啶中溶胀率与 PFP -溶剂间的氢键生成热的关系

a. 环己酮萃余煤;b. CS_2-NMP 混合溶剂萃余煤

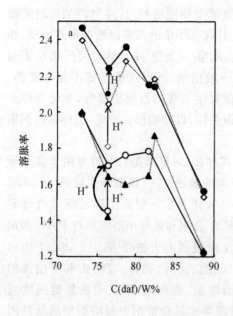
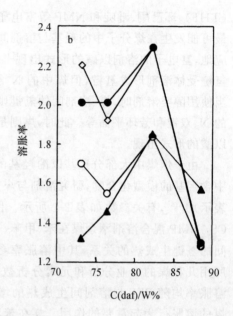

图 2-2　极性溶剂中煤的溶胀率与煤中碳含量的关系

a. 环己酮萃余煤，b. CS$_2$-NMP 混合溶剂萃余煤；▲环己烷，○THF，◇吡啶，●NMP

对电子间的氢键强度则最大（OH…N 氢键），导致煤在吡啶中及 NMP 中的溶胀率最大。

如图 2-1 所示，义马褐煤经酸处理及双鸭山烟煤经碱/酸处理均导致在溶剂中溶胀率的增加。在这两个过程中，最可能发生的反应是羧酸盐向羧酸的转化以及弱的醚键的水解，两个反应均使煤中羟基含量增加[14]。处理后的煤的溶胀率明显增加再次说明煤中羟基与溶剂间的氢键强度是决定煤的溶胀率的关键因素。需要指出的是，义马褐煤经酸处理后在非极性溶剂中的溶胀率增加主要是由于酸处理消除了煤分子间的离子力而引起的。

表 2-1　几种溶剂的溶解度参数(δ)及其与 PFP 形成氢键的生成热($-\Delta H_f$)

溶剂	δ /(J·cm^{-3})$^{1/2}$	$-\Delta H_f$ /kJ·mol^{-1}	溶剂	δ /(J·cm^{-3})$^{1/2}$	$-\Delta H_f$ /kJ·mol^{-1}	溶剂	δ /(J·cm^{-3})$^{1/2}$	$-\Delta H_f$ /kJ·mol^{-1}
环己烷	34.3	—	苯	38.5	5.14	CS$_2$	41.8	—
甲苯	37.2	5.31	THN	39.5	—	吡啶	44.7	30.9
THF	38.0	24.0	环己酮	41.4	23.7	NMP	46.0	—

表 2-2　几种煤样的工业分析和元素分析数据

煤样名称	工业分析/%（W）			元素分析/%（W），daf				
	M_{ad}	A_d	V_{daf}	C	H	N	S	O*
沈北	11.7	10.5	45.2	73.1	5.0	1.9	0.4	19.6
义马	1.7	20.0	43.3	76.4	5.4	1.7	0.3	16.2
兖州	3.8	6.0	44.9	78.9	5.2	1.3	1.8	12.8
福古	8.2	2.6	35.3	81.6	4.7	1.1	<0.1	12.6
双鸭山	3.4	6.5	43.2	82.3	5.7	1.0	0.2	10.8
枣庄	1.4	11.8	32.5	88.5	5.6	1.4	0.6	3.9

* 用减差法求算的结果。

此外，从图 2-1 中还可看出各曲线的斜率有所不同，表明溶剂与 PFP 间的氢键生成热对不同煤化程度煤的溶胀率影响程度不同。如煤化程度较高的枣庄煤，其溶胀率与溶剂间的氢键强度不如低阶煤那样敏感，这与煤分子中的极性官能团的含量及形态有关。

煤化程度不同的煤其分子间的作用力的类型和强度不同，在溶剂中溶胀行为也不同。煤在非极性溶剂中的溶胀行为是煤中各种分子间作用力强弱的综合反映，而在极性溶剂中的溶胀行为则是煤与溶剂分子间相互作用的反映。

煤化程度不同的煤在极性溶剂的溶胀率也不同。图 2-2 给出几种煤化程度不同的环己酮萃余煤和 CS_2-NMP 混合溶剂萃余煤在 THF、环己酮、吡啶及 NMP 等极性溶剂中的溶胀率与表征煤化程度的原煤 C(daf)含量的关系。环己酮萃余煤在极性溶剂中的溶胀率有着随 C(daf)含量增加而降低的趋势。对义马煤而言，其环己酮萃余物的溶胀率非常低，但该萃余物经酸处理后溶胀率明显增加，这是因为义马煤中含有大量的腐植酸钙[19]，离子间作用力很强，但用酸处理可以去除引起离子间作用力的腐植酸钙。CS_2-NMP 混合溶剂萃余煤的溶胀率与原煤 C(daf)含量的关系则与环己酮萃余煤的有所不同。虽然总的趋势也是溶胀率随 C(daf)含量的增加而下降，但义马和沈北褐煤的溶胀率却出乎意料地低。这是因为褐煤中存在着丰富的羧基官能团，而 NMP 又有一定的碱性及络合能力[20]，使其不仅可以破坏煤分子中的离子力还易于与羧基结合而保留在煤中，使煤中的活性羟基点被 NMP 所包围而难以再与极性溶剂发生作用，所以褐煤的 CS_2-NMP 萃余物在极性溶剂中的溶胀率比预期的要低。NMP 在沈北和义马褐煤中的残留已被红外光谱分析所证实。从图2-3的差谱（b-a 和 d-c）中可以明显地观察到羰基的强吸收峰（$\nu_{C=O}$1660 cm^{-1}）。NMP 本身的羰基吸收峰位于 1690 cm^{-1}，羰基吸收峰位向低波数方向的位移表明 NMP 与煤分子间存在络合作用。

煤在极性溶剂中的溶胀率随煤阶的增高而降低，表明煤分子与极性溶剂间的

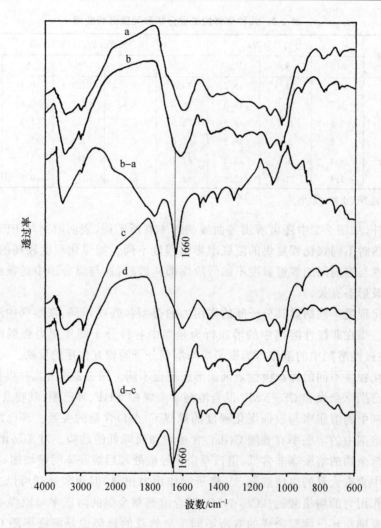

图 2-3　义马和沈北原煤及其 CS_2-NMP 萃余物的红外光谱图
a. 义马原煤，b. 义马萃余煤，c. 沈北原煤，d. 沈北萃余煤；b-a 和 d-c 表示差谱

作用力也随之而减弱。从所用的溶剂为氢键受体判断，煤与这类极性溶剂间的作用力主要来自于煤分子中的羟基与溶剂间的氢键力。低阶煤含有较多的羟基和羧基官能团，烟煤分子中存在一定数量的酚羟基，这些羟基均可与富电子的氢键受体溶剂形成氢键，同时削弱煤分子间的作用力使煤在溶剂中有较大的溶胀率；随着煤化程度的增加，煤中的 O 含量降低，羟基含量也随之而降低，煤分子中可与极性溶剂形成的活性点减少，因此随着煤化程度的增加煤在氢键受体型极性溶剂中的溶胀率减小。

Ndaji 和 Thomas[21]在考察了溶剂的碱性对煤溶胀动力学的影响后指出,煤的溶胀率和溶胀速度随所用溶剂的碱性的减小而减小,表明煤中能与溶剂发生强烈作用的氢键的数目随所用溶剂的碱性的增加而增加。

2.1.2 溶胀对煤的反应性的影响

溶胀被报道可以提高煤中的氢传递效率[22,23],抑制煤中酚羟基间的脱水缩合反应[24,25],从而提高热解产生的焦油的产率。Xie 等[26]考察了四种不同变质程度煤的溶胀行为和预溶胀对热解反应性的影响。他们用示差扫描量热法分析的结果表明:原煤和溶胀后的煤显示不同的热效应,说明煤的溶胀过程是不可逆的;与原煤相比,煤的结构发生了重排,形成低能量的构型。他们认为这些变化改善了煤的反应性,包括增加了挥发分的收率,减小了官能团的活化能。

白金锋等[27]分别在吡啶和 THF 中对扎赉诺尔煤进行了溶胀预处理,考察了处理后的煤的热重、微分热重的变化和加氢液化反应的规律。他们的结果表明,通过溶胀预处理,煤的热解失重量和加氢液化反应性增大,其中用吡啶进行溶胀预处理的效果较明显。

需要指出的是,由于用于对煤进行溶胀预处理的吡啶和 THF 等溶剂较易挥发,且对煤有较好的溶解作用,在考察溶胀预处理煤的热解失重量和加氢液化反应性时应考虑所挥发的溶剂造成的失重及溶剂的溶解作用导致的加氢液化反应性的增加。

2.2 煤的溶剂萃取[28]

溶剂萃取,尤其是在常温条件下的溶剂萃取是研究煤的化学结构的重要手段。长期以来,人们在煤的常温溶剂萃取方面做了大量的工作,但所筛选的大部分溶剂对煤的萃取率都很低[29],因此仅通过对由此所得萃取物的分析难以说明煤的基本结构。

现代煤化学理论认为,煤是由空间网络构成的骨架结构,一些小分子与骨架发生作用,被"固定"在骨架上,或这些小分子自身相互作用形成的分子镶嵌在网络骨架中。煤分子间相互作用力有较强的离子间力(主要存在于低阶煤中)、电荷转移力(高挥发分煤中)、π-π 作用力(高阶煤中)、氢键作用和范德华力等。这些作用力共同作用的结果使煤在大多数有机溶剂中不易溶解[30]。

饭野等在研究常温下烟煤的溶剂萃取的过程中发现 CS_2-NMP 混合溶剂的溶煤效果特别显著,如该混合溶剂对中国枣庄煤的萃取率达 77.9%[31],在添加四氰基乙烯(TCNE)的情况下对 UF 煤的萃取率高达 84.6%[32]。利用 CS_2-NMP 混合溶剂的优良溶煤特性对煤进行萃取,不仅有助于深入了解煤的化学结构及煤分子间相互作用的本性,而且可望开发煤的温和转化的新工艺。

2.2.1　煤的可溶性与溶剂、煤中碳含量和煤岩组成的关系

研究煤及其加氢液化所得混合物的可溶性对于开发温和、高效的煤液化工艺十分重要。首先,溶解的煤可与催化剂和 H_2 充分接触,使催化加氢反应能够顺利进行;其次,利用加氢液化所得混合物各组分可溶性的差别,采用分级萃取的方法可以进行族组分分离。

迄今为止,人们已筛选了几十种溶剂,但如表 2-3 所示,仅吡啶、乙二胺和NMP 等少数几种溶剂的萃取率较高[29]。一般来说,含 N 的供电子能力较强的溶剂对煤有较高的萃取率。

表 2-3　室温下高挥发性烟煤(C(daf)80.7%)在各种有机溶剂中的萃取率(%(W),daf)

溶剂	萃取率	溶剂	萃取率	溶剂	萃取率
正己烷	0.0	甲醇	0.1	THF	8.0
甲酰胺	0.0	苯	0.1	二甲醚	11.4
乙腈	0.0	乙醇	0.2	吡啶	12.5
硝基甲烷	0.0	氯仿	0.35	二甲亚砜	12.8
异丙醇	0.0	二氧杂环乙烷	1.3	二甲基甲酰胺	15.2
乙酸	0.9	丙酮	1.7	乙二胺	22.4

萃取率的高低还与煤中 C(daf)含量和煤岩组成有关。Iino 等系统地考察了煤的萃取率与表征煤阶的 C(daf)含量的关系,发现 C(daf)含量约为 87% 的煤在 CS_2-NMP 混合溶剂中的萃取率较高(但如图 2-4[33] 所示,C(daf)含量约为 87% 的不同煤种萃取率相差较大);秦志宏等[34] 对由庞庄煤和童亭煤所得各宏观煤岩组分煤样萃取的结果表明:所研究的两种煤中的各宏观煤岩组分在 CS_2-NMP 混合溶剂中的可溶性顺序为:镜煤>亮煤>暗煤>丝炭;各宏观煤岩组分的可溶性的差别与其中镜质组分含量,尤其是无结构镜质体含量密切相关。

由庞庄煤和童亭煤所得各宏观煤岩组分煤样的工业分析和元素分析结果如表2-4 所示。两组煤样的镜煤和亮煤的灰分较小,水分、N 和 S 含量均按镜煤>亮煤>暗煤>丝炭的顺序减小。童亭煤按镜煤>亮煤>暗煤>丝炭的顺序 C(daf)含量减小(其中镜煤、亮煤、暗煤和丝炭的 C(daf)含量差别很小),而 O 含量明显增加。与童亭煤相反,庞庄煤中丝炭的 C(daf)含量最高,但一致的是两组煤样中丝炭的 H/C 原子比都很低。

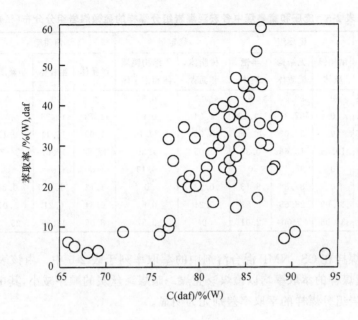

图 2-4 煤在 CS$_2$-NMP 混合溶剂中的可溶性与煤中 C(daf)含量的关系

表 2-4 庞庄和童亭煤中各宏观煤岩组分煤样的工业分析和元素分析

| 煤种 | 煤岩组分 | 工业分析/%(W) | | | | 元素分析/%(W),daf | | | | S$_{t,d}$/%(W) | H/C |
		M_{ad}	A_d	V_{daf}	F_{daf}	C	H	N	O$_{diff}$		
庞庄煤	镜煤	2.51	2.41	37.55	62.45	84.46	5.38	1.31	8.38	0.38	0.76
庞庄煤	亮煤	2.06	2.19	39.21	60.79	83.94	5.28	1.30	9.08	0.34	0.75
庞庄煤	暗煤	1.66	6.13	39.62	60.38	86.27	5.40	1.08	6.79	0.33	0.75
庞庄煤	丝炭	1.61	11.60	29.35	70.65	87.49	5.18	0.51	6.36	0.21	0.71
童亭煤	镜煤	1.00	5.66	29.03	70.97	89.27	5.50	1.59	2.87	0.66	0.73
童亭煤	亮煤	0.99	7.33	31.85	68.15	88.80	5.42	1.57	3.30	0.76	0.73
童亭煤	暗煤	0.93	39.43	31.60	68.40	84.71	5.41	1.17	7.14	0.58	0.76
童亭煤	丝炭	0.66	19.48	32.12	67.88	84.69	3.44	0.60	10.74	0.29	0.48

表 2-5 列出两组煤样的显微煤岩组分定量分析结果。庞庄煤和童亭煤的镜煤镜质组中 C(daf)含量分别达 98.0% 和 95.4%,且均为无结构镜质体;丝炭中惰性组为主要成分,含量分别为 54.34% 和 52.01%,以半丝质体居多。两组煤样的丝炭中仍含镜质组成分,其中结构镜质体占大部分。

表 2-5　庞庄和童亭煤中各宏观煤岩组分煤样的显微煤岩组分分布(%)

煤种	煤岩组分	镜质组			稳定组		惰质组			矿物质
		结构镜质体	无结构镜质体	半镜质体	树脂体和沥青	无结构镜质体和孢子体	丝质体	粗粒体	半丝质体	
庞庄煤	镜煤	0	98.00	0	0	0.50	0	0	0	0.50
庞庄煤	亮煤	0	67.31	14.42	4.04	0.96	1.73	10.38	0	1.15
庞庄煤	暗煤	0	35.03	10.66	4.06	29.10	1.69	16.41	0.17	2.88
庞庄煤	丝炭	19.86	15.68	0.35	1.05	1.39	12.54	17.07	24.74	7.27
童亭煤	镜煤	0	95.40	0	0	0.10	1.50	0	0	3.00
童亭煤	亮煤	0	84.88	8.13	0.23	0	1.13	1.35	0.23	4.06
童亭煤	暗煤	17.09	28.65	9.83	0.21	0.64	0.64	0.21	1.07	41.67
童亭煤	丝炭	34.08	5.00	2.01	0	0.57	8.05	18.39	25.57	5.46

两组煤样在 CS_2-NMP 混合溶剂中的萃取率列于表 2-6 中。由该表中的结果可见,两组煤样的萃取率均以镜煤>亮煤>暗煤>丝炭的顺序减小,其中童亭煤中各宏观煤岩组分煤样的萃取率差别尤为明显。

表 2-6　庞庄和童亭煤中各宏观煤岩组分煤样的萃取率(%(W),daf)

煤种	宏观煤岩组分			
	镜煤	亮煤	暗煤	丝炭
庞庄煤	44.19	38.05	33.66	29.74
童亭煤	81.39	76.25	36.46	13.39

庞庄煤中丝炭的 C(daf)含量约为 87.49%,但其萃取率仅为 29.74%,而童亭煤中镜煤的 C(daf)含量约为 89.27%,其萃取率却高达 81.39%。比较表 2-4 和表 2-5 可见,两组煤样的萃取率与 H/C 原子比有一定的相关性,但童亭煤的暗煤 H/C原子比(0.76)最高,萃取率却较低(36.46%)。陈茪比较了 6 种煤(H/C 原子比 0.69~0.85)在环己酮和 CS_2-NMP 混合溶剂中的可溶性,发现 H/C 原子比约 0.76 的枣庄煤萃取率最高[35],这一结果可以解释庞庄煤的镜煤(H/C 原子比 0.76)的高萃取率,但不能说明具有同样 H/C 原子比的童亭煤的暗煤的低萃取率。

Iino 等用 CS_2-NMP 混合溶剂对两种枣庄煤进行了萃取实验,发现两种煤虽然碳含量接近(86.9% 和 87.8%)但萃取率相差较大(65.6% 和 77.9%)[33]。他们认为两种煤萃取率相异原因是镜质组组分和含量不同所致。

将表 2-4 中所示的各煤样的萃取率对相应的镜质组组分含量作图(图 2-5)可见,两组煤样的萃取率与镜质组组分含量基本呈线性关系。对庞庄煤和童亭煤两组煤样而言,线性相关系数分别为 0.946 和 0.994。进一步地,将两组煤样的萃取率对镜质组中无结构镜质体含量作图(图 2-6),也可以看出大致的线性关系,且对两组煤样而言,线性相关系数为 0.994,表明庞庄煤的萃取率与无结构镜质体含量的相关性很大。

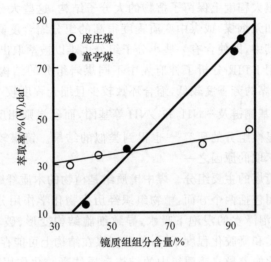

图 2-5 煤样的萃取率与镜质组成分含量的关系

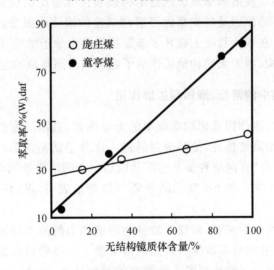

图 2-6 煤样的萃取率与无结构镜质体含量的关系

煤的溶剂萃取涉及非常复杂的物理化学作用。用 CS_2-NMP 在常温常压下萃取,不会导致煤中共价键的断裂,仅破坏煤中的诸如氢键和 π-π 相互作用等分子间的作用力。煤中分子量大、缩合程度高的组分在溶剂中难溶。对于含有较小分子的煤而言,溶剂通过破坏煤分子间作用力而导致煤可溶的作用已被大量的实验[35,36]所证实,而溶剂向煤中的渗透是破坏煤分子间作用力的前提。低阶煤或煤中低变质组分在很大程度上保留了植物的大分子结构,这些大分子结构在溶剂中难溶;而高阶煤(如无烟煤)或煤中变质程度很高的组分缩合度高、结构致密,由于溶剂难以渗透至其中,即使含有一些小分子组分也难以被萃取出。

舒新前等利用 FTIR 分析了神府煤中不同煤岩组分的结构特征[37]。他们的研究结果表明,镜煤的芳香度较低,缩合环数较少且缩合程度较小,芳环上 H 含量少,含有较多的烷基侧链及—NH$_2$ 和 $\rangle$NH 等基团,而丝炭则相反。利用二次离子质谱对煤中有机显微组分的研究[38]也得到类似的结果。镜煤较松散的显微结构可能是其容易被萃取的原因之一。

镜质组构成镜煤的主要组分。煤中镜质组是植物的木质纤维经凝胶化作用形成的。凝胶化作用包括两个方面:植物组织经历生物化学作用分解化合成新的有机物;植物组织在沼泽水的浸泡下吸水,导致细胞结构变形、破坏乃至最后消失。因来源植物的种类和凝胶化程度不同,各种镜煤在结构上可能存在很大差异,因而相应地导致可溶性的差异。镜质组中的结构镜质体凝胶化作用程度小,其结构与植物比较接近,难以被溶剂萃取。这是结构镜质体含量高的丝炭可溶性差的原因之一,当然更重要的原因是丝炭富含可溶性极差的惰性组组分。由于经历了较剧烈的凝胶化作用,在很大程度上破坏了来源植物的大分子结构,但尚未转化成高度缩合的大分子结构,因而无结构镜质体成了能够被溶剂萃取的主要组分。

2.2.2　溶煤过程中的溶胀、渗透和扩散作用

溶剂对煤的溶胀作用是影响萃取率的重要因素,高溶胀率的溶剂通过溶胀作用将煤分子间的交联键撑开,使溶剂更易进入煤分子结构内部。一些原来通过氢键和 π-π 键被"固定"在网络骨架上的可萃取物也会因溶胀作用导致这些非共价键的断裂而被释放出来。图 2-7 所示的结果[39]清楚地表明,煤的可溶性与溶胀率具有很好的相关性。

从萃取溶剂的性质来看,对煤有较强的溶解能力的溶剂应该能有效地削弱煤分子间的作用力,并对可萃取物有较强的溶解能力。尽管可以通过溶解度参数及溶剂的供电子和受电子能力判断一种溶剂的萃取效果,但由于实际情况往往十分复杂,影响因素甚多,因此,这些理论也只能作为选择萃取溶剂的参考。

渗透与扩散效应也是影响煤的可溶性的重要因素。萃取溶剂必须首先渗透到煤的结构网络中去,才能与可萃取物发生溶解作用(假定煤的网络骨架是不可萃取的)。溶解于溶剂中的物质也必须尽快向外扩散,新鲜溶剂继续渗透到孔中才能使

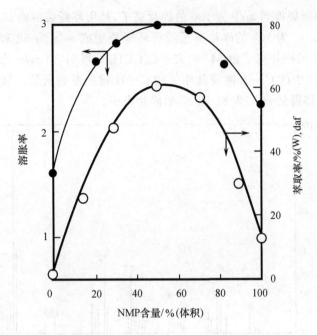

图 2-7　日本新夕张煤在不同比例 CS_2-NMP 混合溶剂中的萃取率和溶胀率

溶解作用不断地进行。煤中空隙的大小影响着溶剂向煤中渗透的难易;而溶剂的黏度则直接影响着溶剂、萃取物的渗透与扩散行为。当单独使用 NMP 对日本新夕张煤进行萃取时,室温下的萃取率仅为 9.3%,而用 CS_2-NMP 混合溶剂在相同条件下萃取时,萃取率则达到 55.9%[39]。加入 CS_2 降低了溶剂的黏度从而使溶剂的渗透和扩散变得较容易是萃取率提高的重要因素之一。

2.2.3　CS_2 与 NMP 的相互作用

从 Iino 等发现 CS_2-NMP 混合溶剂在室温下对一些烟煤具有优良的溶解能力[40]以来,该混合溶剂已受到许多煤化学研究者的关注[41~44]。基于该混合溶剂在较高温度下溶煤效果可能更好的考虑,Zong 等试图研究煤在较高温度下的溶解行为,所顾虑的是在较高温度下 CS_2 与 NMP 可能发生反应而影响该混合溶剂的溶煤作用。因此,首先考察了在加热条件下 CS_2 与 NMP 的相互作用[45]。

在 N_2 保护下在高压釜内加热 CS_2 与 NMP 的混合溶剂,当加热至 185℃ 以上时用 GC 从反应混合物检测出除 CS_2 和 NMP 以外的化合物。用 GC/MS 和 GC/FTIR 对该化合物进行了鉴定。

图 2-8 给出所鉴定化合物的质谱图。质荷比(m/z)为 115 的分子离子 M^+ 经

历 CH_3—N 键断裂得到 m/z 为 100 的碎片离子,经历环断裂得到 m/z 为 73 和 42 的碎片离子。m/z 为 100 的碎片离子经历环断裂生成 m/z 为 58 和 42 的碎片离子。m/z 为 87 的碎片离子由 M^+ 失去—CH_2CH_2—得到,而 m/z 为 82 的碎片离子的生成因 M^+ 中的 C═S 键及其相邻的 C—H 键的断裂所致。M^+ 经历环断裂和随后的氢转移得到 m/z 为 85 和 30 的碎片离子。

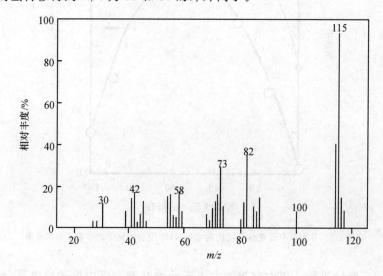

图 2-8　NMPT 的质谱图

图 2-9 给出所鉴定化合物的红外光谱图。在 1775～1685cm^{-1} 区间没有观察到吸收带,表明该化合物中不存在羰基。由在 2970、2931、2877 和 1462cm^{-1} 处的吸收带可以判断—CH_3—和—CH_2—的存在。在 1508cm^{-1} 处的吸收带可以归属于 ＞N—C═S。在 1404、1223、1142 和 1088cm^{-1} 处的吸收带证实了 CH_3—N＜的存在。在 1317cm^{-1} 和 1298cm^{-1} 处的最强的吸收带可以归属于 ＞C═S 的伸缩振动。

综合图 2-8 和图 2-9 所示的分析结果可知,所鉴定的化合物为 N-甲基硫代吡咯烷酮(NMPT),表明在热反应过程中 NMP 中羰基的氧原子被 CS_2 中的 S 原子取代(见图解 2-1)。在反应过程中,CS_2 应转化为 O═C═S 或 CO_2。但由于这两种产物都极易挥发,在液相中未被检测出。

表 2-7 给出不同条件下 NMPT 的收率。首先,固定 CS_2 与 NMP 的体积比为 2:1,考察了反应温度和时间对 NMPT 收率的影响。在 180℃热处理后没有检测到 NMPT。在 185℃加热 3h,仅有 1.8% 的 NMP 转化为 NMPT。NMPT 的收率随反应温度的上升而增加。但在 225℃以上 NMPT 收率的增加不明显。在 220℃

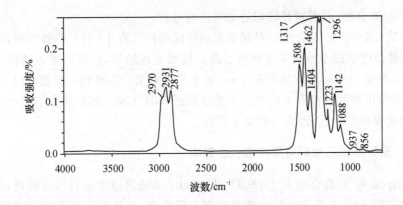

图 2-9 NMPT 的红外光谱图

图解 2-1 NMP 与 CS₂ 发生热反应生成 NMPT 的机理

下反应 1h,60％以上的 NMP 转化成 NMPT。NMPT 的收率随反应时间的增加而增加。所加入的 CS₂ 与 NMP 的体积比对反应也有显著的影响。在 225℃下反应 2h,将该体积比由 1∶1 增至 2∶1,NMPT 的收率由 67.7％增至 84.5％。但继续增大该体积比时 NMPT 的收率反而下降,其原因尚待研究。

表 2-7　温度、时间和 CS₂ 与 NMP 的体积比（VR）对 NMPT 收率的影响

温度/℃	时间/h	VRᵃ	NMPT 收率/％(mol)	温度/℃	时间/h	VRᵃ	NMPT 收率/％(mol)
180	3.0	2∶1	0	220	1.0	2∶1	60.4
185	3.0	2∶1	1.8	220	2.0	2∶1	70.3
195	2.0	2∶1	29.5	220	4.0	2∶1	88.8
210	2.0	2∶1	74.3	225	2.0	1∶1	67.7
225	2.0	2∶1	84.5	225	2.0	4∶1	81.7
250	2.0	2∶1	86.5	225	2.0	8∶1	14.2

在表 2-7 所示的条件下反应,从对所得混合物的 GC 分析中作为产物仅检测出 NMPT,且反应混合物呈溶液状态。但在 250℃以上的温度下反应,从反应混合物中可以看到大量的黑色颗粒,这些颗粒既不溶于 CS₂-NMP 混合溶剂,也不溶于许多其他溶剂,且在真空下加热至 300℃既不熔融也不挥发。估计这些颗粒是

NMPT 的聚合物,尚需对其确切的结构进行分析。

　　尽管 CS_2-NMP 混合溶剂对煤萃取的协同作用已在 10 余年前被发现,但该混合溶剂的溶煤机理至今尚未被充分了解。根据上述结果,可以考虑该协同作用与图解 2-1 所示的 CS_2 与 NMP 间的 π-π 相互作用有关。加热到一定温度以上,这种 π-π 相互作用导致二者发生反应。上述结果还表明,CS_2-NMP 混合溶剂在高温下对煤的萃取并不合适,因为二者发生反应。

2.2.4　预处理和添加剂对煤可溶性的影响

　　Sharma 等[46]将煤在 0.2%～8% 的 NaOH 苯酚溶液中进行回流处理,然后用对甲苯磺酸降解,发现在喹啉中的萃取率有所提高,并且可降低甲苯磺酸的用量。Makabe 等[47,48]在 10%NaOH–乙醇溶液对碳含量为 77.3% 的煤进行了热处理。他们发现,处理前该煤在吡啶中的萃取率仅为 11.4%,在 260℃ 下处理 1h 后提高到 91.0%,在 400℃ 下处理 1h 后则可高达 98.4%,且萃取物的平均分子量显著下降。结构分析证明,碱处理导致醚键断裂是分子量下降、进而在吡啶中的萃取率提高的原因。Tekely 等[49]发现在 50℃ 经浓 HCl 和浓 HF 脱灰处理的煤,其结构单元之间的连接键发生断裂。

　　用有机溶剂在温和条件下萃取煤的过程主要涉及溶剂分子与煤分子间的相互作用,这种作用可以或多或少地削弱诸如离子力、电荷转移力、π-π 作用、氢键和范德华力等煤分子间的作用力。单一溶剂通常不能同时有效地削弱数种作用力。因此,Nishioka[30]提出用不同的溶剂及预处理方法,逐个削弱这些作用力,提高煤的萃取率。他分别对煤进行烷基化、HCl 处理、酸酐处理及在吡啶或苯酚中回流,结果表明,经过这些处理,煤在吡啶中的萃取率有所提高。

　　饭野领导的课题组[36,39]发现,煤的 CS_2-NMP 混合溶剂萃取物经丙酮和吡啶分级后,余下的重组分不能完全溶于该混合溶剂中,而添加丙酮可溶物或吡啶可溶物等组分后,重组分在该混合溶剂中的溶解度提高。除了这些来自萃取物本身的添加剂外,添加 LiBr、TCNE 或对苯二胺(p-PDA)也可提高重组分在该混合溶剂中的溶解度。这些添加剂对提高煤在 CS_2-NMP 混合溶剂中的溶解度同样有效。值得注意的是,仅添加占煤重 1%～2.5% 的 TCNE 或 p-PDA 即可使煤的萃取率显著提高。

　　Ishizuka 等[32]发现,添加 TCNE 后得到的萃取物和经丙酮洗涤后的残煤的 FTIR 谱图在 2198 cm^{-1} 出现一个新的吸收峰。他们认为该吸收峰可能来源于 CN 基团伸缩振动吸收峰(2262 和 2227 cm^{-1})的峰位移动,这种移动表明 TCNE 可能与煤分子形成了 π-π 络合物,但是否发生了 Diels-Alder 加成反应则不能确定。添加剂与煤分子之间形成了 π-π 络合物,削弱了芳环电子云间重叠产生的作用力。饭野将添加剂的作用解释为添加剂与煤分子形成了新的可溶物(图解 2-2)[50]。

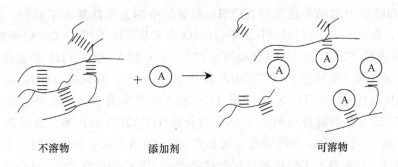

不溶物　　　　　添加剂　　　　　可溶物

图解 2-2　添加剂使煤增溶的机理

与 TCNE 相似，7,7,8,8-四氰基对醌二甲烷（TCNQ）也是使煤在 CS_2-NMP 中增溶的强有力的添加剂[51,36]。最初推测 TCNQ 和 TCNE 的增溶机理与这两种添加剂与煤形成的电荷转移络合物密切相关[51,52]。然而，后来的研究表明添加剂的受电子能力与其使煤增溶的作用没有相关性[53,54]。因此可以推测 TCNQ 或 TCNE 与煤形成的电荷转移络合物不是使煤增溶的主要因素，而应该存在其他原因。TCNE 被发现不是通过电荷转移络合物直接与煤作用而是在 NMP 中生成 1,1,2,3,3-五氰基丙烯阴离子。该阴离子被发现是使煤增溶的关键组分[54]。TCNQ 与煤的作用似乎与所用溶剂有关。根据 TCNQ 在各种溶剂中的紫外-可见光谱性质，Chen 和 Iino 报道了 TCNQ 与煤相互作用的历程[55]。

如图 2-10 所示，TCNQ 的紫外-可见光谱性质与所用溶剂有关。TCNQ 在

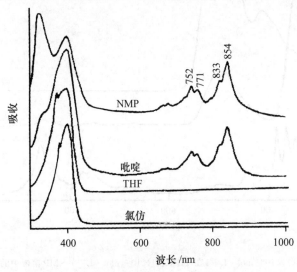

图 2-10　TCNQ 在几种溶剂中的紫外-可见光谱图

NMP 和吡啶中的光谱性质与在 THF 和氯仿中的光谱性质大不相同。在 752、771、833 和 854 nm 处的峰被认为是 TCNQ 游离基阴离子(TCNQRA)所致[56,57]。图 2-10 表明 TCNQ 在 NMP 和吡啶中产生 TCNQRA,而在 THF 和氯仿中不产生。与完全被 LiI 还原的 TCNQRA 相比,在 NMP 中 36% 的 TCNQ 被转化成 TCNQRA;在吡啶中 TCNQ 转化成 TCNQRA 的比率为 29%。有趣的是,在 CS_2 与 NMP 或吡啶的混合溶剂中 TCNQ 转化成 TCNQRA 的比率分别增至 66% 和 67%。然而,在纯 CS_2 溶剂中没有观察到 TCNQRA。该差别应该归因于 CS_2 的协同效应。目前尚不了解这种协同效应是否与 CS_2-NMP 或 CS_2-吡啶混合溶剂的强有力的溶煤能力有关。

Flowers 等[52,58]报道,他们用 FTIR 观察到煤 - TCNQ -吡啶体系中存在 TCNQRA,但在 TCNQ -多环芳香族化合物-氯仿体系中未发现这种阴离子[58]。

在常温下,加芳香族化合物到含有 TCNQ 的 NMP 的溶液中导致紫外-可见光谱发生变化。如图 2-11 所示,TCNQ 在 800 nm 附近的吸收峰消失,而在 490 nm 处产生新的吸收峰。该吸收峰可能与 TCNQ 与芳烃形成的络合物有关。

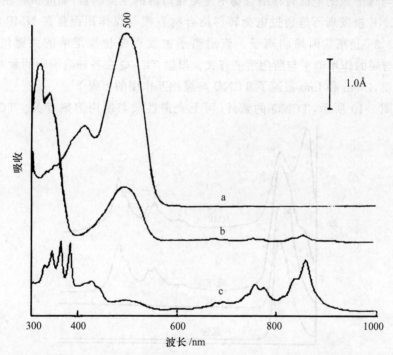

图 2-11　几种芳烃($1×10^{-5}$mol·L^{-1})在 TCNQ($5×10^{-5}$mol·L^{-1})-NMP 溶液中的紫外-可见光谱图
a. 菲(3 min);b. 芘(40 min);c. 蒽(180 min)

但当在 TCNQ 与氯仿、氯苯或 THF 的混合物中加入芳烃时,没有发生这种变化。谱图刚好是 TCNQ -溶剂与芳烃的加和。因此,无法否定 TCNQ 经由作为中间体的TCNQRA与芳烃反应的可能性。

TCNQ 与芳烃反应的程度依赖于芳烃的结构。菲与 TCNQ 反应迅速,加入菲到 TCNQ-NMP 的混合物中数分钟后 800 nm 附近的峰消失,而在 490 nm 附近出现吸收峰。然而,菲的异构体蒽在常温下却难与 TCNQRA 反应,尽管在加热条件下可以生成 TCNQ -蒽的 π 络合物[59]。芘可与 TCNQRA 反应,但比菲反应缓慢。芳环上不同的电子分布可能是导致该现象出现的重要因素。结构不同、产地不同和变质程度不同的煤与 TCNQ 的作用可能不同,即 TCNQ 似乎对某些煤的增溶有效,但对另一些煤的增溶无效或效果不显著。

当使用 UF 煤的 CS_2-NMP 混合溶剂可溶而吡啶不溶物(MSPI)替代纯芳烃重复上述实验时,观察到类似的光谱变化。如图 2-12 所示。随着反应的进行,TCNQRA在 800 nm 附近的吸收峰减小,在 490 nm 处的吸收峰增大。基于纯芳烃在 TCNQ-NMP 溶液中反应的结果,可以推测 MSPI 中的含芳环组分与 TCNQ 反应生成了在 490 nm 附近出现吸收峰的新络合物。

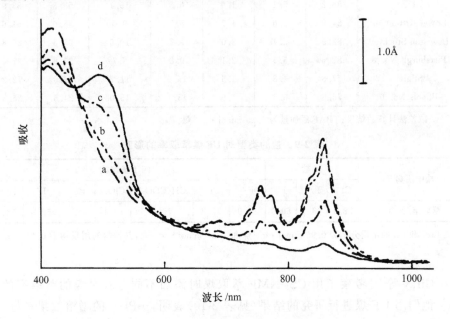

图 2-12　MSPI 在 TCNQ-CS_2-NMP 溶液中的紫外–可见光谱图

a. 0 min; b. 30 min; c. 60 min; d. 90 min

这些结果表明,在用 CS_2-NMP 混合溶剂萃取煤时所添加的 TCNQ 的增溶作用除与电荷转移相互作用有关外,还与下述历程有关,即在 CS_2-NMP 混合溶剂中 TCNQ 先生成 TCNQRA,所生成的 TCNQRA 再与煤中含芳烃组分作用生成其他络合物。

Norinaga 等[60]研究了用 CS_2-NMP 萃取煤时添加盐的增溶效应,发现添加很少量的四丁基氟化铵(TBAF)可使某些煤的萃取率明显提高,例如,可分别使 Sewell、UF、Lower Kittanning 和 Stigler 煤的萃取率从不添加时的 33.9% 增至 48.0%、59.8% 增至 83.9%、38.0% 增至 61.6%、26.0% 增至 72.2%,但对 Lewiston Stockton、Pittsburgh No. 8 和 Illinois No. 6 煤的增溶无效或效果甚微 (见表 2-8)。他们还考察了多种盐的添加对 UF 煤的增溶效果,发现添加盐的增溶效应与盐中阴离子的电荷密度有关(见表 2-9)。

表 2-8　煤样的元素分析、灰含量分析和萃取率

煤样	元素分析/%,daf				A/%,db	萃取率/%,daf	
	C	H	N	O+S[a]		无 TBAF	加 TBAF
Sewell	88.4	5.3	1.4	4.9	4.6	33.9	48.0
UF	86.2	5.1	1.9	6.8	13.1	59.8	83.9
Lower Kittanning	84.0	5.6	1.7	8.7	9.0	38.0	61.6
Lewiston Stockton	82.9	5.4	2.0	9.7	19.6	25.6	25.8
Pittsburgh No. 8	82.6	5.5	2.1	9.8	8.7	37.8	37.4
Stigler	77.8	4.8	1.5	15.9	11.7	26.0	72.2
Illinois No. 6	76.9	5.5	1.9	15.7	15.0	24.6	25.5

a. 减差法计算的结果;TBAF 添加量为 0.25 mmol·g^{-1}煤。

表 2-9　盐的类型对 UF 煤萃取率的影响

盐中阴离子	Li 盐			四丁基铵盐						
	Cl^-	Br^-	I^-	F^-	Cl^-	CH_3COO^-	ClO_4^-	Br^-	I^-	NO_3^-
萃取率/%,daf	78.1	68.7	60.9	83.9	78.8	75.6	62.1	61.8	59.3	54.0

LiBr 和 LiI 的用量分别为 0.95 mmol·g^{-1}煤和 1.87 mmol·g^{-1}煤,其他盐的用量均为 0.25 mmol·g^{-1}煤。

Giray 等[61]考察了用 CS_2-NMP 萃取煤时添加不同芳胺对煤的萃取率的影响。他们用 UF 煤进行研究的结果(见表 2-10)表明,p-PDA 的增溶效果最好,苯胺次之,N,N,N',N'-四甲基对苯二胺(TMPDA)有一定的减溶作用,N,N-二甲基苯胺(DMA)的减溶作用更大。他们还研究了用 CS_2-NMP 萃取 UF 煤的 PI 时添加苯胺和几种苯二胺(PDA)对 PI 溶解度的影响。如表 2-11 所示,PI 的溶解度因所添加芳胺的有无和不同而异,按 p-PDA>o-PDA>苯胺≈m-PDA≫无添加剂

的顺序减小。由这些实验事实他们得到的结论是：含 $\diagup$NH 的芳胺增加煤的萃取率和 PI 的溶解度，其他芳胺无效，说明芳胺通过与煤中有机质形成氢键，破坏了煤中有机质分子间的氢键从而使煤增溶；具有强的供电子作用的芳胺对煤的增溶无效，说明电子供-受作用对煤的增溶无贡献；芳胺主要通过增加煤中重质成分的溶解度使煤增溶。

表 2-10　添加芳胺对 UF 煤增溶的影响

添加剂[a]	无	苯胺	DMA	PDA	TMPDA
萃取率/%(W),daf	62.8	66.7	55.1	78.6	60.4

a. 用量 0.2mmol 添加剂/g 煤。

表 2-11　添加芳胺对 UF 煤中的 PI 溶解度的影响

添加剂[a]	无	苯胺	o-PDA	m-PDA	PDA
PI 溶解度/%(W)	55.1	85.4	91.8	85.1	96.5

a. 用量 25 mg 添加剂/g PI。

2.3　煤的组成分析

煤的组成分析主要包括工业分析(分析煤中水分、挥发分、固定碳和灰分含量)、元素分析(分析煤中 S 含量和煤中有机质的 C、H、N 和 O 含量)、煤岩显微组分分析和煤中有机质的族组分含量分析，其中对于前三者都已建立统一和规范的分析方法，但对煤中有机质的族组分分析尚无标准的方法。

Wheeler 等[62]较早地采用溶剂萃取法对煤进行了族组分分离。如图 2-13 所示，该方法先用吡啶萃取原煤，将原煤分离成残渣(α)和吡啶可溶物，继而通过氯仿萃取将吡啶可溶物分离成氯仿不溶物(β)和可溶物(γ)；通过石油醚萃取将 γ 分离成石油醚不溶物和可溶物(γ₁)；通过乙醚萃取将石油醚不溶物分离成乙醚不溶物和可溶物(γ₂)；最后通过丙酮萃取将乙醚不溶物分离成丙酮可溶物(γ₃)和不溶物(γ₄)。

较常用的方法是在索氏萃取器(也称脂肪抽提器)中依次以正己烷(或环己烷、正戊烷、正庚烷及石油醚)、苯(或甲苯)和 THF(或吡啶)作为溶剂萃取煤和所得的各不溶物，由此分离出的各族组分分别被称为油(oil)、沥青烯(asphaltene)、前沥青烯(preasphaltene)和残渣。对煤反应后所得液固混合物的族组分分离也常用这种方法。

Wei 等[63]先用 CS₂-NMP 混合溶剂在常温下通过超声辐射萃取原煤，将原煤分成混合溶剂可溶物(mixed solvent-soluble fraction，简称 MSSF)和残渣，然后在索氏萃取器中依次以 THF、苯和正己烷作为溶剂萃取 MSSF 和所得的各可溶物，

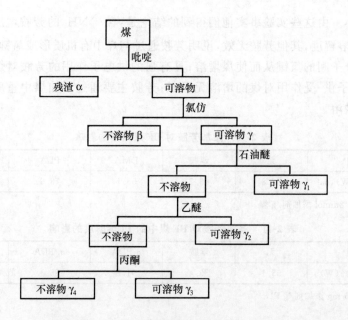

图 2-13　Wheeler 等采用的煤的溶剂萃取分级方法

相应地得到重质沥青烯(heavy asphaltene,简称 HA)、前沥青烯、沥青烯和油。这种方法虽然繁琐,但由于用这种方法萃取减少了可溶物存留煤颗粒细孔中的可能性,所得结果可以较客观地反映煤中有机质各族组分的分布状况。

选用中国枣庄煤、日本新夕张煤和美国伊利诺(Illinois No. 6)煤用上述方法进行了族组分分离。各煤样的元素分析和工业分析数据及族组分含量分析结果分别示于表 2-12 和图 2-14[63]。

表 2-12　枣庄、新夕张煤和 Illinois No. 6 煤样的元素分析和工业分析数据

煤样	工业分析/%(W),db			元素分析/%(W),daf				
	VM	A	FC	C	H	N	S	O[a]
枣庄	28.6	7.4	64.0	86.9	5.1	1.5	1.6	4.9
新夕张	38.3	6.2	55.5	86.6	6.0	2.0	0.8	4.6
Illinois No. 6	38.9	10.4	50.7	80.0	5.0	1.6	2.9	10.5

a. 减差法计算的结果。

与残渣含量接近相对应,枣庄煤与新夕张煤的 C(daf)含量相当;但新夕张煤的 H 含量较高、O 含量略低,相应地,其中较轻质的组分油、沥青烯和前沥青烯的含量都比枣庄煤高;Illinois No. 6 煤的残渣含量特别高,可能与其很高的 O 和 S 含量(是另两种煤的 1.8～3.6 倍)有关。

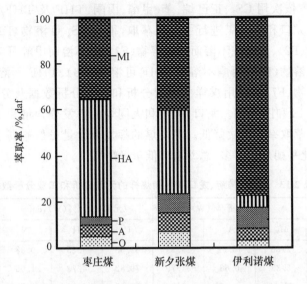

图 2-14 枣庄、新夕张煤和 Illinois No.6 煤样的族组分分布

O:油,A:沥青烯,P:前沥青烯,HA:重质沥青烯,MI:CS$_2$-NMP 混合溶剂不溶物(残渣)

最近,Takanohashi 和 Kawashima 通过溶剂萃取将 UP 煤分成四个族组分:丙酮可溶物、丙酮不溶而吡啶可溶物、吡啶不溶而 CS$_2$-NMP 混合溶剂可溶物和残渣,并用 ^{13}C NMR 对这些族组分进行了分析,通过计算提出各族组分的分子结构模型[64]。

各族组分究竟由哪些化合物组成是更值得关注的问题。Wei 等[65,66]依次以 CS$_2$ 和苯作为溶剂在自制循环萃取器中对枣庄柴里煤、青海肥城煤、平顶山煤和美国 UF 煤进行了彻底萃取,并用 GC/MS 对萃取液进行了分析,发现这些煤在 CS$_2$ 中可溶的成分主要是含 2～4 个甲基的苯族烃、含 0～3 个甲基的萘族烃、邻苯二甲酸酯及少量含甲基的 3 环和 4 环芳烃,但在 CS$_2$ 中不溶而在苯中可溶的成分主要是长链烷烃。这些结果表明,通过溶剂萃取可以使煤中的长链烷烃与 1～4 环芳烃分离,所获取的 1～4 环芳烃由于富含甲基,其附加值远高于煤焦油中的 1～4 环芳烃。例如,可用于合成功能性高分子材料的化合物 2,6-二甲基萘在这些煤的 CS$_2$ 可溶物中的含量就比煤焦油中的含量高得多。另外,值得注意的是在所萃取的两种组分中都未检测出除邻苯二甲酸酯以外的含杂原子化合物,而在煤焦油中却含有苯酚、甲基苯酚、二甲基苯酚、喹啉、氧杂芴和咔唑等含杂原子化合物,说明煤中大量的含杂原子化合物本来以大分子的形式存在或与煤中大分子发生强烈的相互作用,在炼焦过程中受热分解转化成了小分子或因受热克服与煤中大分子间的作用力而逸出。

Zong 等[67]依次用 CS$_2$、正己烷、苯、甲醇、丙酮、THF 及 THF/甲醇混合溶剂对大同、神府、龙口和平朔煤进行了分级萃取,得到 CS$_2$ 可溶物(F1)、CS$_2$ 不溶而正己烷可溶物(F2)、正己烷不溶而苯可溶物(F3)、苯不溶而甲醇可溶物(F4)、甲醇不溶而丙酮可溶物(F5)、丙酮不溶而 THF 可溶物(F6)、THF 不溶而 THF/甲醇混合溶剂可溶物(F7)。所用煤样的元素分析和工业分析数据及分级萃取的结果分别示于表 2-13 和图 2-15。龙口、神府和大同煤的挥发分含量和 H/C 比依次降低,相应地,总萃取率也依次降低。龙口煤的挥发分含量虽然略高于平朔煤,但由于其 H/C 比比平朔煤低得多,总萃取率低于平朔煤。

表 2-13　大同、神府、龙口和平朔煤样的元素分析和工业分析数据

煤样	工业分析/%(W)			元素分析/%(W),daf			H/C
	M_{ad}	A_d	V_{daf}	C	H	N	
大同	2.88	16.62	29.59	82.38	4.35	0.88	0.6292
神府	5.33	6.68	34.79	79.82	4.73	1.05	0.7062
龙口	26.38	4.16	37.81	73.22	4.36	1.75	0.7096
平朔	2.97	19.10	37.58	79.77	5.60	1.41	0.8366

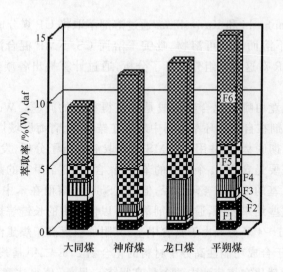

图 2-15　煤中各级萃取物的含量分布

各种煤的族组分分布差别很大。F6 是各种煤中含量最高的族组分。大同煤中的 F1 含量与平朔煤相当,为 2.2% 左右,另外两种煤中的 F1 含量不足 0.5%。在所用 4 种煤中,大同煤的 F2 和 F3 含量最高,神府煤的 F4 含量最高,龙口煤的 F5 含量最高,平朔煤的 F6 含量最高。表 2-14 列出用 GC/MS 从各族组分中检测

出的有机化合物。

表 2-14 从 F1～F7 中检测出的有机化合物

F1	F2	F3	F4	F5	F6 和 F7
2-6 环缩合芳烃、长链烷烃、3-特丁基-α-四氢萘酮、四甲基茚满、二苯并呋喃、甲基二苯并呋喃、四甲基联苯、二乙基联苯、二苯并噻吩和霍烷	长链烷烃、二苯醚、四(乙二醇)双(2-乙基己酸)酯、油酸、十四酸、十六酸、十六二酸、磷酸三丁酯、正庚醇、2,6-二特丁基-2,5-环己二烯-1,4-二酮、2,6-二特丁基-4-甲基苯酚、1-二十二烯、6,10,14-三甲基-2-十五酮、柠檬酸丁酯、乙酰基柠檬酸三丁酯和胆固醇	乙基丁基苯、十氢萘、己基环己烷、辛基环己烷、长链烷烃、甲基双苯酮、联苯、二苯醚、磷酸三丁酯、长链脂肪酸、2-6 环缩合芳烃、癸苯基醚、9,10-二溴蒽、甲基苯基茚满、甲基四氢萘、四甲基四氢萘、苯乙酸丙酯、2-甲氧基苯甲醇、1,1-二苯乙烷、八氢萘、二溴苯酚和四(乙二醇)双(2-乙基己酸)酯	苯酚、烷基苯酚、二溴苯酚、苯酐、环己邻二醇、甲基双苯酮、二甲基双苯酮、二甲基羟基喹啉、三甲基羟基喹啉、对苯二酚、磷酸三丁酯、惹烯、长链脂肪酸、长链脂肪酸甲酯、己二酸二癸酯和 1-(2,3,6-三甲基)-3-丁烯-2-酮	2-氨基咪唑、苯胺基甲酸、甲基喹啉、烷基二氢呋喃、环己邻二醇、邻氯环己醇、丙三醇、甲基双苯酮、二甲基双苯酮、长链烷烃、长链脂肪醇、环十二烷、2,6-二甲基-2,5-庚二烯-4-酮和 2,6-二甲基-6-硝基-2-庚烯-4-酮	四(乙二醇)双(2-乙基己酸)脂和己二酸二酯

需要建立科学、规范的方法对煤及其转化后的混合物中的有机质进行族组分分离和含量分析并对各族组分中有机化合物的结构和分布状况进行分析,这是包括煤液化化学在内的煤化学领域的一大难题,同时也是十分重要的课题。

2.4 煤的结构表征

从分子水平上揭示煤的组成结构既是非常重要也是极其艰巨的工作[68]。正像人们对脱氧核糖核酸的双螺旋结构的深入研究导致生命科学和生物工程技术取得突飞猛进的发展一样,可以预料,深入了解煤的结构将有力促进煤科学和煤转化技术的发展。

长期以来,许多学者对煤中有机质的化学结构(以下略称煤结构)进行了不懈的探索,旨在实现煤的优化转化。对煤结构的研究包括揭示煤中有机质分子间和有机质分子内的非共价键作用力和有机质各组分的分子结构。利用 FTIR、电子自旋共振和 NMR 等分析手段结合溶剂溶胀技术可以较深入地了解煤中非共价键的作用。但与共价键相比,非共价键键能小得多,更需要了解的是煤中有机质各组分的分子结构。在此基础上,可以选择适当的化学反应使其中某些组分特定的共价键选择性地断裂,获取所需高附加值的化学品[69]。

对煤中有机质分子结构的研究可分为无分离分析和分离分析、破坏分析和非破坏分析。

Wertz 等[70]用 X 射线衍射(XRD)的技术测定了煤的芳香族性值,计算了煤中缩合芳环的平均尺寸,发现与用 ^{13}C NMR 测定的结果十分吻合。Cody 等[71]用扫描透射 X 射线显微镜观察了煤中显微组分和炭化样品的结构,结合近界 X 射线吸收精细结构光谱测定技术明确地区分了所测样品中的脂肪族、芳香族、羧酸和含羟基部分的碳骨架。张代钧等[72]通过用 XRD 技术对煤进行分析,论证了煤的大分子中同时存在芳环结构单元和脂环结构单元。Solum 等[73]研究了 Argonne Premium 煤的 ^{15}N NMR 波谱,发现煤中有机 N 原子均存在于煤的芳环结构中;Keiemen[74]用 X 射线光电子能谱对 Argonne Premium 煤中的有机 N 进行了定量分析。Schmiers 等[75]用 ^{13}C NMR 研究了褐煤的大分子结构,提出了相应的结构模型,认为褐煤中的芳环主要是苯环,由—CH_2—和—O—、—S—桥键将含不同取代基的苯环联结在一起形成的大分子。Zoller 等[76]研究了 C(daf)含量为 68.55% 到 91.05% 的 20 种煤的热重-光致电离质谱(TG-PI-MS),发现由 TG-PI-MS 所检测出的挥发性成分由一系列分子量不同而结构类似的化合物组成,并根据分解产物推测煤中含有 Ar—CH_2—Ar'、Ar—S—Ar' 和 Ar—O—Ar' 桥键。Sobkowiak 等[77]用散射 FTIR 分析了煤的吡啶萃取物,求出其中芳香族和脂肪族成分的含量比,并与用 NMR 测定的值进行了比较。最近,Sharma 等[78]使用高分辨电子显微镜观察了 C(daf)含量为 72% 的 Beulah-Zap 低变质褐煤,为 78% 的 Illinois No. 6 高挥发性烟煤和为 91% 的 Pocahontas No. 3 低挥发性高变质烟煤的结构,发现这些原煤中存在晶格条纹,并在 Pocahontas No. 3 原煤中发现似洋葱的结构。这些研究从不同侧面给出煤中大分子的一些信息,但均属无分离分析,即未能从分子级别上进行研究,揭示煤中有机各组分确切的大分子结构。

Stock 等[79]通过在碱性溶液中和在 NMP-吡咯溶液中脱羧处理,用 GC/MS 测定了 Pocahontas No. 3 煤衍生的一系列多环芳烃的结构。近年来,热解-GC/MS 技术作为研究煤、油母岩和其他有机质大分子的手段受到许多研究者的关注[80~82]。这些借助 GC 的分离和 MS 鉴定功能的分析属可分离分析,可以提供所测各组分的一些结构信息。但 GC/MS 只能分析所得产物中分子量较小的组分,且由于煤经历了氧化或热解等化学变化,由这些破坏性分析得到的结构信息不能客观地反映煤中有机质各组分本来的分子结构。

基于无分离分析或破坏性分析的结果,近年来提出计算机辅助煤分子结构构筑的设想,旨在给出比较合理的煤分子结构模型。但这一设想的合理性受到如下事实的挑战:首先,即使仅就破坏性分析的结果而言,由于所得产物成分繁多,彼此组合形成大分子的种类几乎无穷尽；其次，煤中有机质不是单一组分，不能仅用某种结构表示。

在较温和的条件下通过超临界液体萃取和超临界 GC/MS 分析可以得到煤中部分有机质的结构信息，该方法属可分离、非破坏性分析。但该方法所能测定的只是煤中含量极少的小分子组分。

尽管各国学者做了大量的研究工作，但迄今尚未了解一种煤中有机大分子即使是一种组分的确切结构。借助于 FTIR 和 ^{13}C NMR 等分析手段的无分离分析只能提供煤整体的大致的结构信息。对煤中有机质大分子各组分进行详细的结构鉴定是一项富于挑战性的工作。

2.5　煤中可溶有机质大分子的可分离和非破坏性分析的设想[65,66]

从分子水平上对煤进行分离进而分析是确定煤的化学结构的关键。在不破坏煤中共价键的前提下，可溶化是从分子水平上分离煤的必要条件。利用 CS_2-NMP 混合溶剂优良的溶煤能力及 TCNE 和 TCNQ 等受电子试剂的增溶作用，至少可使某些煤中大部分有机质在保持共价键的条件下实现可溶化，进而利用多种现代分析技术有可能了解其中各组分确切的大分子机构，解决煤化学领域内的世界难题。通过可溶化可使煤中有机质处于分子状态在溶液中均匀分布，为进一步分离创造了条件。

色谱技术是分离有机物的十分有效的手段，煤中有机质主要由分子量在 500 以上的大分子组成，挥发性低，无法用 GC 分离。HPLC 和毛细管电泳仪（CE）已广泛地用于蛋白质、肽、核酸和药物等大分子的分离，对生命科学和生物工程技术的发展起着举足轻重的作用。毛细管柱和二极管阵列检测器在 HPLC 的成功应用，在很大程度上解决了 HPLC 分离效果差和无法获得紫外-可见光谱图的问题。将 CE 或 HPLC 与质谱检测器和红外光谱检测器联用，可同时获得有机混合物中各组分的紫外谱图、质谱图和红外光谱图，进而利用 CE 或 HPLC 的分取技术，可以得到混合样品有机物中各纯组分，可以用这些纯组分进行 NMR 分析。用这些手段分析煤中可溶物，可望得到其中各组分的四大谱图，从而了解其确切的分子结构。

2.6　研究煤相关模型化合物反应的必要性

从分子水平上了解煤及其各种反应的中间体和产物的结构对阐明有关反应机

理,进而优化包括煤液化在内的煤转化工艺及其重要。但如前所述,人们迄今尚无法了解煤中绝大部分有机质确切的分子结构。直接测定反应中间体不仅对煤化学界而且对化学的其他领域都是一大难题。煤转化产物一般包括气、液和固三相,从分子水平上所能确切了解的是所有气体组分和部分液体组分的分子结构,对固体组分分子结构的了解在很大程度上取决于其可溶性。

煤液化反应不仅包括煤中有机质分子与 H_2、催化剂和溶剂的相互作用,还涉及煤中有机质间的相互作用及与煤中无机矿物质的相互作用等,堪称十分复杂的反应体系。煤液化反应的复杂性也给研究其机理带来很大的困难。

从机理上研究复杂的化学反应的一般方法是将其分解成若干较简单的单元反应,进而对各单元反应进行较详细的研究,将对各单元反应的研究结果有机地集成。

煤中有机质既包括含芳环组分,又含有无芳环的脂肪族组分。含芳环组分的反应是煤液化研究者关注的焦点。从反应类型而言,主要包括加氢、加氢裂解和热分解,即通过这些反应,破坏连接芳环的共价键,将煤中有机质大分子转化为所需的小分子;对以获取洁净液体燃料为目的的煤液化而言,还需脱除 S、N 和 O 等杂原子,并使芳环加氢成脂环。

为了从化学反应的角度揭示煤液化的机理,了解反应条件对煤液化的影响,进而优化煤液化工艺,近 30 余年来,国内外学者以各种含芳环的化合物作为煤相关模型化合物,对这些化合物的反应机理进行了深入的研究。所用模型化合物大致有以下类型:

(1) 诸如联苯、萘、菲、蒽和芘等 2～4 环芳烃;

(2) 含有烷基或烷氧基取代基的芳烃;

(3) 杂环芳香族化合物;

(4) α, ω-二芳基烷烃;

(5) 二芳基醚、芳基芳甲基醚和二芳甲基醚;

(6) 二芳基硫醚、芳基芳甲基硫醚和二芳甲基硫醚。

在各种条件下研究以上化合物的反应,有助于从理论上了解煤中共价键的断裂和芳环的加氢究竟怎样进行、在什么条件下才能使煤中某些共价键选择性地断裂及使某些芳环选择性地加氢,从而为开发温和条件下的煤液化新工艺提供重要的参考依据。

参 考 文 献

[1] 陈茏,许学敏,高晋生,颜涌捷,郭新闻. 燃料化学学报,1997,25(6):524～527

[2] Green T K, Kovac J, Larsen J W. Fuel, 1984, 63 (7): 935～938

[3] Green T K, Kovac J, Larsen J W. Fuel, 1984, 63 (11): 1538~1543

[4] Larsen J W, Green T K, Kovac J. J Org Chem, 1985, 50 (24): 4729~4735

[5] Larsen J W, Mohammadi M. Energy & Fuels, 1990, 4 (1): 107~110

[6] Nishioka M. Fuel, 1992, 71 (8): 941~948

[7] Nishioka M. Fuel, 1993, 72 (7): 997~1000

[8] Nishioka M. Fuel, 1993, 72 (7): 1001~1005

[9] Ndaji F, Thomas K M. Fuel, 1993, 72 (11): 1525~1530

[10] Nishioka M. Fuel, 1993, 72 (12): 1719~1724

[11] Nishioka M. Fuel, 1993, 72 (12): 1725~1731

[12] Takanohashi T, Iino M, Nishioka M. Energy & Fuels, 1995, 9 (5): 788~793

[13] Larsen J W, Shawver S. Energy & Fuels, 1990, 4 (1): 74~77

[14] 陈茏, 高晋生, 颜涌捷. 华东理工大学学报, 1996, 22(6): 690~694

[15] Kauzman W. Quantum Chemistry, New York: Academic Press, 1959, 102

[16] Stenberg V I, Baltisberger R J, Patal K M. Coal Science, Vol 2, New York: Academic Press, 1983, 2: 125

[17] Larsen J W, Basher A J. Energy & Fuels, 1987, 1(2): 230

[18] Arnett E M. J Am Chem Soc, 1970, 92 (8): 2365~2377

[19] 王曾辉. 燃料化学学报, 1984, 12(4): 297~304

[20] 程能林. 溶剂手册, 北京: 化学工业出版社, 1994: 765

[21] Ndaji F E, Thomas K M. Fuel, 1993, 72 (11): 1531~1535

[22] Jurkiewicz A, Marzec A, Pislewski N. Fuel, 1982, 61 (7): 647~650

[23] Barton W A, Lyinch L J. Fuel, 1984, 63(9): 1202~1205

[24] Miura K. Energy & Fuels, 1991, 5(6): 803~808

[25] Mae K. Energy & Fuels, 1994, 8(4): 868~873

[26] Xie K C, Li F, Feng J, Liu J S. Fuel Processing Technology, 2000, 64 (1~3): 241~251

[27] 白金锋, 王勇, 胡浩权, 郭树才, 陈国华. 煤炭转化, 2000, 23(4): 50~54

[28] 陈茏, 高晋生, 魏贤勇. 煤炭转化, 1995, 18(2): 14~21

[29] Marzec A, Juzwa M, Betlej K, Sobkowiak M. Fuel Processing Technology, 1979, 2 (1): 35~44

[30] Nishioka M. Fuel, 1991, 70 (12): 1413~1419

[31] Iino M, Takanohashi T, Ohkawa T, Yanagida T. Fuel, 1991, 70 (10): 1236~1237

[32] Ishizuka T, Takanohashi T, Ito O, Iino M. Fuel, 1993, 72 (4): 579~580

[33] Iino M, Takanohashi T, Ohsuga H, Toda K. Fuel, 1988, 67 (9): 1639~1647

[34] 秦志宏, 宗志敏, 刘建周, 马红梅, 杨美健, 魏贤勇. 燃料化学学报, 1997, 25(6): 549~553

[35] 陈茏. 华东理工大学博士学位论文, 1997

[36] Sanokawa Y, Takanohashi T, Iino M. Fuel, 1990, 69 (11): 1557~1578

[37] 舒新前, 王祖讷, 徐精求, 葛岭梅. 燃料化学学报, 1996, 24(5): 426~433

[38] 刘大锰, 金奎励, 艾天杰, 毛鹤龄. 燃料化学学报, 1996, 24(5): 440~446

[39] 鹰觜利公, 飯野雅. 燃料協会誌, 1991, 70(8): 802~809

[40] 飯野雅, 熊谷淳, 伊藤攻. 燃料協会誌, 1985, 64(3): 210~212

[41] Cai M F, Smart R B. Energy & Fuels, 1993, 7 (1): 52~56

[42]　Mochida I, Kinya S. Advances in Catalysis, Academic Press, New York, 1994, 40: 39~80

[43]　Chervenick S W, Smart R B. Fuel, 1995, 74 (2): 241~245

[44]　Gao H, Nomura M, Murata S, Artok L. Energy & Fuels, 1999, 13 (2): 518~528

[45]　Zong Z M, Peng Y L, Qin Z H, Liu J Z, Wu L, Wang X H, Liu Z G, Zhou S L, Wei X Y. Energy & Fuels, 2000, 14 (3): 734~735

[46]　Sharma D K, Misha S. Fuel Science and Technology International, 1993, 11: 1679

[47]　Makabe M, Hirano Y, Ouchi K. Fuel, 1978, 57 (5): 289~292

[48]　Makabe M, Ouchi K. Fuel Processing Technology, 1979, 2(2): 131~141

[49]　Tekely P, Nicole D, Delpuech J J. Fuel Processing Technology, 1987, 15 (1): 225~231

[50]　飯野雅. 石油学会誌, 1992, 35(1): 26~32

[51]　Liu H T, Ishizuka T, Takanohashi T, Iino M. Energy & Fuels, 1993, 7 (6): 1108~1111

[52]　Flowers R A, Gebband L, Larsen J W, Sanada Y, Sasaki M, Silbernagel B. Energy & Fuels, 1994, 8 (6): 1524~1525

[53]　Iino M, Kurose H, Giray E S, Takanohashi T. Prepr Pap-Am Chem Soc, Div Fuel Chem, 1998, 43 (3): 712~716

[54]　Chen C, Kurose H, Iino M. Energy & Fuels, 1999, 13 (6): 1180~1183

[55]　Chen C, Iino M. Energy & Fuels, 1999, 13 (5): 1105~1106

[56]　Melby L R, Harder R J, Hertler W R, Mahler W, Bensin R E, Mochel W E. J Am Chem Soc, 1962, 84(17): 3374~3387

[57]　Shin D M, Choi K H, Park J S, Kang D Y. Thin Solid Films, 1996, 284~285

[58]　Flowers R A, Ph. D. Dissertation, Lehigh University, Bethlehem, PA, US, 1991

[59]　Acker D S, Hertler W R. J Am Chem Soc, 1962, 84 (17): 3370~3374

[60]　Norinaga K, Takanohashi T, Iino M. Prepr-Pap Am Chem Soc, Div Fuel Chem, 2000, 45 (2): 248 ~252

[61]　Giray E S V, Chen C, Takanohashi T, Iino M. Fuel, 2000, 79 (12): 1533~1538

[62]　Wheeler R V, Burgess M J. J Chem Soc, 1911: 649

[63]　Wei X Y, Shen J L, Takanohashi T, Iino M. Energy & Fuels, 1989, 3 (5): 575~579

[64]　Takanohashi T, Kawashima H. Energy & Fuels, 2000, 45 (2): 238~242

[65]　魏贤勇, 宗志敏, 秦志宏, 冀亚飞, 刘建周, 伍林, 陈清如. 化工与材料 '99, 袁晴棠, 金涌主编(中国工程院化工、冶金与材料工程学部第二届学术会议论文集), 1999 年 10 月, pp. 623~628

[66]　魏贤勇, 顾晓华, 宗志敏, 秦志宏, 伍林, 王晓华. 中国化学会第六届应用化学学术会议论文集(1), 1999 年 10 月, 常州, pp. 77~81

[67]　Zong Z M, Wang X H, Gu X H, Xiong Y C, Yuan X H, Lu J, Cai K Y, Xu X, Wei X Y, Xie K C, Murata T. Proceedings of the Seventh China-Japan Symposium on Coal and C₁ Chemistry, 2001, Haikou, Hainan, China, 2001, pp. 347~350

[68]　Speight J G. Prepr Pap-Am Chem Soc, Div Fuel Chem, 2000, 45 (2): 195~199

[69]　陈鹏. 煤炭转化, 1995, 18(2): 1~6

[70]　Wertz D L, Bissell M. Fuel, 1995, 74 (10): 1431~1435

[71]　Cody G D, Botto R E, Sde H, Davis A, Mitchell G. Prepr Pap-Am Chem Soc, Div Fuel Chem, 1995, 40 (3): 387~390

[72] 张代均,陈昌国,徐龙君,鲜学福. 燃料化学学报,1997,25(1):72~77

[73] Solum M S, Pugmire R J, Grant D M, Kelemen S R, Gorbaty M L, Wind R A. Energy & Fuels, 1997, 11 (2):491~494

[74] Kelemen S R. Energy & Fuels, 1994, 8 (4):896~906

[75] Schmiers H, Köpsel R. Fuel Processing Technology, 1997, 52 (1~3):109~114

[76] Zoller D L, Johnston M V, Tomic J, Wang X, Calkins W H. Energy & Fuels, 1999, 13 (5):1097~1104

[77] Sobkowiak M, Painter P. Energy & Fuels, 1995, 9 (2):359~363

[78] Sharma A, Kyotani T, Tomita A. Energy & Fuels, 2000, 14 (2):515~516

[79] Stock L M, Obeng M. Energy & Fuels, 1997, 11 (5):987~997

[80] Kruge M A, Landais P, Bensley D F, Stankiewicz B A, Elie M, Ruau O. Energy & Fuels, 1997, 11 (3):503~514

[81] Stankiewicz B A, Briggs D E G, Evershed R P. Energy & Fuels, 1997, 11 (3):515~521

[82] Mazec A, Czajkowska S, Alvarez R, Pis J J, Diez M A, Schulten H R. Energy & Fuels, 1997, 11 (5):982~986

3 涉及煤及其相关模型化合物反应的基本数据

共价键断裂、芳环加氢和游离基参与的氢转移是研究煤液化需要关注的基本反应。了解不同单质和化合物中共价键的键能、芳环的反应性及游离基和离子的稳定性对深入揭示煤液化反应机理十分重要。

3.1 涉及煤及其相关模型化合物热解反应的基本键能数据

煤及其相关模型化合物的热解反应主要通过共价键的断裂进行。在非催化热解过程中，煤中较弱的共价键较容易断裂。煤中有机质的分子种类繁多，大多数分子的结构中含有的共价键也多种多样。迄今尚不能给出煤中有机质分子结构中各种共价键强度的数据。但借助于大量的相关化合物的基本键能的数据可以预测和推测煤的热解反应性和反应机理。表 3-1 至表 3-14 汇总了涉及煤及其相关模型化合物热解反应的单质、化合物和游离基中共价键的离解能，其中大部分数据出自 Benson[1] 和 Kerr[2] 的论文。

表 3-1　一些烷烃中的 C—C 键的离解能[1]/kJ·mol⁻¹

C—C 键	离解能	C—C 键	离解能
CH₃—CH₃	368.2	CH₃CH₂—CH(CH₃)₂	334.7
CH₃—CH₂CH₃	355.6	CH₃CH₂—C(CH₃)₃	322.2
CH₃—CH₂CH₂CH₃	355.6	CH₃CH₂CH₂—CH(CH₃)₂	334.7
CH₃—CH(CH₃)₂	351.5	CH₃CH₂CH₂—C(CH₃)₃	322.2
CH₃—C(CH₃)₃	334.7	(CH₃)₂CH—CH(CH₃)₂	324.3
CH₃CH₂—CH₂CH₃	343.1	(CH₃)₃C—CH(CH₃)₂	305.4
CH₃CH₂—CH₂CH₂CH₃	343.1	(CH₃)₃C—C(CH₃)₃	282.4

表 3-2　一些不饱和烃中的 C—C 键的离解能/kJ·mol⁻¹

C—C 键	离解能	C—C 键	离解能
CH₂=CH—CH₃[1]	384.9	PhCH₂—CH₃[1]	301.2
CH₂=CH—CH₂CH₃[1]	372.4	PhCH(CH₃)—CH₃[2]	276.1
CH₂=CH—CH(CH₃)₂[1]	364.0	PhCH₂—CH₂CH₃[1]	288.7

续表

C—C 键	离解能	C—C 键	离解能
$CH_2=CH-C(CH_3)_3$[1]	351.5	$PhCH_2-CH(CH_3)_2$[1]	282.4
$RCH=CHCH_2-CH_3$[1]	301.2	$PhCH_2-C(CH_3)_3$[1]	267.8
$RCH=CHCH_2-CH_2CH_3$[1]	288.7	$Ph-Ph$[3]	475.7
$RCH=CHCH_2-CH(CH_3)_2$[1]	280.3	$PhCH_2-Ph$[3]	374.9
$RCH=CHCH_2-C(CH_3)_3$[1]	263.6	$PhCH_2CH_2-Ph$[3]	418.0
$Ph-CH=CH_2$[1]	414.2	$PhCH_2-CH_2Ph$[3]	256.9
$Ph-CH_2CH=CHR$[1]	322.2	Ph_3C-CPh_3[1]	62.8
$Ph-CH_3$[1]	389.1	$PhCH_2CH_2-CH_2Ph$[3]	309.2
$Ph-CH_2CH_3$[1]	376.6	$NpCH_2-Np$[4]	355.6
$Ph-CH(CH_3)_2$[1]	366.1	$NpCH_2CH_2-Np$[5]	406
$Ph-C(CH_3)_3$[1]	351.5	$NpCH_2-CH_2Np$[5]	230

表中 Ph 和 Np 分别表示苯基和 1-萘基。化学式右上角数字表示参考文献号。

表 3-3　几种酮中的 C—C 键的离解能[1]/kJ·mol^{-1}

C—C 键	离解能	C—C 键	离解能	C—C 键	离解能
$CH_3\overset{O}{C}-\overset{O}{C}CH_3$	292.9	$CH_3\overset{O}{C}-CH(CH_3)_2$	338.5	$Ph-\overset{O}{C}CH_3$	372.4
$CH_3\overset{O}{C}-CH_2CH_3$	330.5	$CH_3\overset{O}{C}-CH_3$	343.1		

表 3-4　一些烃基游离基中的 C—C 键的离解能[1]/kJ·mol^{-1}

C—C 键	离解能	C—C 键	离解能	C—C 键	离解能
$\cdot CH_2-CH_3$	401.7	⬡—CH_3	115.1	⬡—CH_3	48.1
$\cdot CH_2CH_2-CH_3$	106.7				
$(CH_2)_2\overset{\cdot}{C}H-CH_3$	213.4	⬡—CH_3	146.4	$\cdot CH_2\overset{CH_3}{C}(CH_3)_2$	83.68
$\cdot CH=CH-CH_3$	133.9				
$PhCH_2-CH_2\overset{\cdot}{C}HPh$	88[6]	$PhCH_2CH_2-CH_2\overset{\cdot}{C}HPh$	142[6]	$PhCH_2-CH_2\overset{\cdot}{C}HCH_2Ph$	46[6]

表 3-5　一些烃基游离基中的 C—H 键的离解能[1]/kJ·mol^{-1}

C—H 键	离解能	C—H 键	离解能	C—H 键	离解能	C—H 键	离解能
$\cdot CH_2-H$	443.5	$RCH=\overset{\cdot}{C}HC H-H$	251.0	⬡—H	198.7	⬡—H	102.4
$\cdot CH_2CH_2-H$	163.2	⬡—H	167.4				
$\cdot C\equiv C-H$	523						

表 3-6　一些有机化合物中的 C—H 键的离解能[1]/kJ·mol⁻¹

C—H 键	离解能	C—H 键	离解能	C—H 键	离解能
CH_3—H	435.1	$PhCH_2CH_2\overset{H}{\underset{|}{C}}HPh$	343[6]	$CH_2{=}CH$—H	431.0
CH_3CH_2—H	410.0			$CH{\equiv}C$—H	523.0
$CH_3CH_2CH_2$—H	410.0	$PhCH_2CH_2CH_2\overset{H}{\underset{|}{C}}HPh$	343[6]	$N{\equiv}C$—H	543.9
$(CH_3)_2CH$—H	395.4			Cl_3C—H	401.7
$(CH_3)_3C$—H	380.7	$PhCH_2CH_2\overset{H}{\underset{|}{C}}HCH_2Ph$	397[6]	F_3C—H	435.1
Ph—H	431.0			H—CH_2OH	389.1
$PhCH_2$—H	355.6	$CH_3\overset{O}{\overset{\|}{C}}$—H	366.1	H—COOH	376.6
Ph_2CH—H	351.0				
Ph_3C—H	313.8	$RCH{=}CHCH_2$—H	355.6	(phenyl)—H	309.6

表 3-7　一些含氧游离基中的 C—H 键和 C—C 键的离解能[1]/kJ·mol⁻¹

C—H 键	离解能	C—C 键	离解能
$\cdot OCH_2$—H	92.0	—OCH_2—CH_3	50.2
$O{=}\dot{C}$—H	79.5	$O{=}\dot{C}$—CH_3	46.0
$O{=}\dot{C}CH_2$—H	182.0	$(CH_3)_2\overset{\dot O}{\underset{\|}{C}}$—$CH_3$	29.3
$\cdot CH_2\overset{O}{\overset{\|}{C}}$—H	150.6	$\cdot CH_2\overset{O}{\overset{\|}{C}}$—$CH_3$	125.5

表 3-8　一些游离基中的 O—H 键的离解能[1]/kJ·mol⁻¹

O—H 键	$\cdot O$—H	$\cdot OO$—H	$\cdot CH_2O$—H	$\cdot COO$—H
离解能	426.8	196.6	129.7	50.2

表 3-9　一些有机化合物中的 C—O 键的离解能[1]/kJ·mol⁻¹

C—O 键	离解能	C—O 键	离解能	C—O 键	离解能
CH_3—OH	382.8	$CH_3\overset{O}{\overset{\|}{C}}$—OH	456.1	$PhCH_2$—OCH_3	276.1
CH_3CH_2—OH	382.8			$RCH{=}CHCH_2$—OCH_3	276.1
$CH_3CH_2CH_2$—OH	382.8	CH_3—OCH_3	334.7	$CH_3\overset{O}{\overset{\|}{C}}$—$OCH_3$	405.8
$(CH_3)_2CH$—OH	384.9	CH_3CH_2—OCH_3	334.7		
$(CH_3)_3C$—OH	378.7	$CH_3CH_2CH_2$—OCH_3	334.7	$CH_2{=}CH$—OCH_3	364.0
Ph—OH	431.0	$(CH_3)_2CH$—OCH_3	336.8	CH_3CH_2O—CH_2CH_3	334.7
$PhCH_2$—OH	322.2	$(CH_3)_3C$—OCH_3	326.4	CH_3CH_2O—Ph	380.7
$RCH{=}CHCH_2$—OH	324.3	Ph—OCH_3	380.7	CH_3CH_2O—$CH(CH_3)_2$	338.9
PhO—Ph	359.8[7]	PhO—CH_2Ph	209.2[7]	CH_3CH_2O—$C(CH_3)_3$	334.7

表 3-10 一些有机化合物中的 C—S 键和 S—S 键的离解能[8]/kJ·mol⁻¹

C—S 键	离解能	C—S 键	离解能	C—S 键	离解能	S—S 键	离解能
CH_3S—CH_3	325	PhS—Ph	340	$PhCH_2$—SCH_3	265	PhS—SPh	230
PhS—CH_3	285	$PhCH_2$—SPh	225	$PhCH_2S$—CH_2Ph	280		

表 3-11 一些化合物和游离基中的 S—H 键的离解能/kJ·mol⁻¹

S—H 键	·S—H	HS—H	CH_3S—H	PhS—H
离解能	347[9]	389[9]	368.2[2]	313.8[2]

表 3-12 一些有机化合物中的 C—N 键的离解能[2]/kJ·mol⁻¹

C—N 键	离解能	C—N 键	离解能	C—N 键	离解能
CH_3—NH_2	330.5	Ph—$N(CH_3)_2$	338.9	CH_3 | $PhNCH_3$	238.5
CH_3—$NHCH_3$	305.4	Ph—$NHCH_3$	355.6		
CH_3—$N(CH_3)_2$	288.7	$PhNH$—CH_3	251.0	$PhCH_2$—NH_2	251.0
Ph—NH_2	384.9			$PhCH_2$—$NHCH_3$	242.7

表 3-13 一些化合物中的 N—H 键和 N—N 键的离解能[2]/kJ·mol⁻¹

N—H 键	离解能	N—N 键	离解能	N—N 键	离解能
H_2N—H	431.0	H_2N—NH_2	234.3	$PhNH$—NH_2	167.4
CH_3NH—H	384.9	H_2N—$NHCH_3$	217.6	$PhNH$—$NHPh$	92.0
$(CH_3)_2N$—H	359.8	H_2N—$N(CH_3)_2$	209.2	ON—NO_2	39.7
$PhNH$—H	334.7	CH_3NH—$NHCH_3$	196.6	O_2N—NO_2	54.0
H | $PhNCH_3$	309.6	CH_3NH—$N(CH_3)_2$	184.1	F_2N—NF_2	83.3
F_2N—H	355.6	$(CH_3)_2N$—$N(CH_3)_2$	175.7		

表 3-14 一些单质和化合物中的单键、双键和三键的离解能[1]/kJ·mol⁻¹

共价键	离解能	共价键	离解能	共价键	离解能
H—H	427[9]	⌬---	544[10]	H_2C＝NH	644.3
O＝O	497.9			N≡N	945.6
H_2C＝O	732.2	HN＝O	481.2	HC≡CH	962.3
H_2C＝CH_2	682.0	HN＝NH	456.1	HC≡N	937.2
C≡O	1075.3				

Isoda 等[11]用分子轨道理论计算了化合物 I、II 和 III 中不同部位共价键的离解能,所得结果列于表 3-15 中。

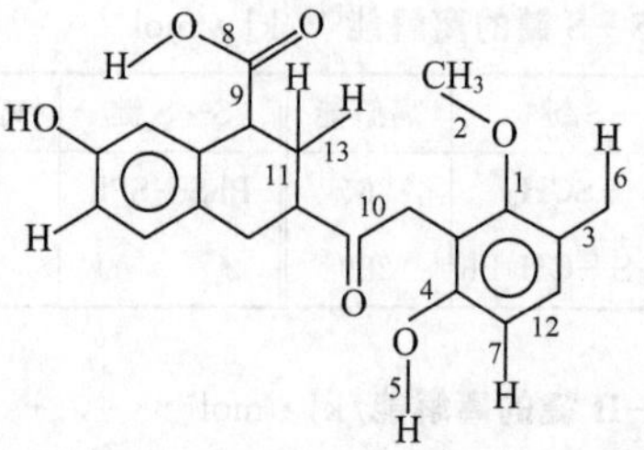

I

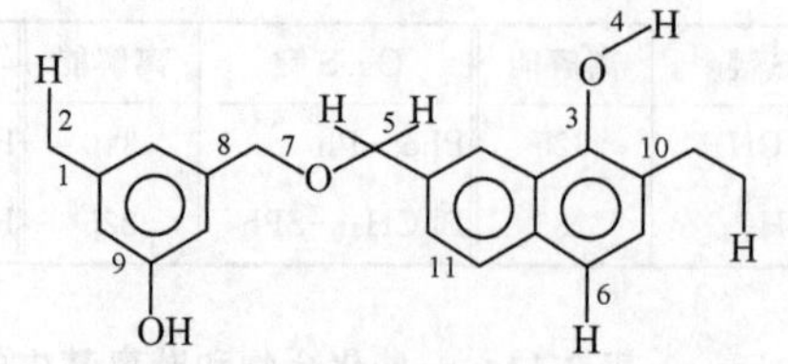

II

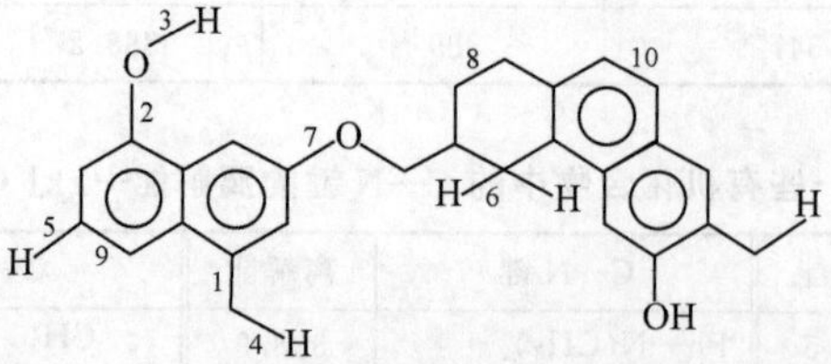

III

表 3-15　化合物 I、II 和 III 中不同部位共价键的离解能

位置	离解能/kJ·mol⁻¹			位置	离解能/kJ·mol⁻¹			位置	离解能/kJ·mol⁻¹		
	I	II	III		I	II	III		I	II	III
1	295	343	341	6	306.5[a]	385	279	11	262[a]	469	
2	170	320	389	7	401[a]	189	169	12	448[a]		
3	340	376	288	8	340	227	243	13	283[a]		
4	392.5[a]	262	298	9	159	448	457				
5	395	257	407	10	189.5[a]	307	395				

a：平均值。

3.2　芳环的超离域能

　　煤中含有的芳环种类繁多，芳环上的取代基及连接结构单元的桥键也多种多样。苯是结构最简单的芳烃，环上各部位等价，反应性相同。但绝大多数芳香族化合物芳环各部位并非等价，反应性也有差异。

　　芳环是煤的有机质中主要的不饱和部分，也是易于发生催化加氢和加氢裂解反应的部分。因此，了解不同芳环和芳环不同部位的反应性对揭示煤及其相关模型化合物的催化加氢和加氢裂解反应的机理，进而优化煤液化工艺具有重要意义。

　　表 3-16[12] 总结了各种反应性理论及其指数，在这些指数中能够比较全面地表征芳环反应性的参数是根据前线轨道理论提出的超离域能（superdelocalizability，简称 S_r）。S_r 值包括亲电反应、亲核反应和游离基反应 3 种类型，定义如下：

亲电反应　$S_r^{(E)} = 2 \sum_j^{occ} (C_{jr})^2 / \lambda_j$

亲核反应　$S_r^{(N)} = 2\sum_j^{unocc}(C_{jr})^2/(-\lambda_j)$

游离基反应　$S_r^{(R)} = \sum_j^{occ}(C_{jr})^2/\lambda_j + \sum_j^{unocc}(C_{jr})^2/(-\lambda_j)$

其中$\sum_j^{occ}$和$\sum_j^{unocc}$分别表示已占轨道和空轨道的总和，C_{jr}是第j个分子轨道中第r个原子轨道的系数，λ_j是第j个分子轨道能ε_j表达式$\varepsilon_j = \alpha + \lambda_j\beta$中$\beta$的系数。亲电、亲核和游离基反应虽然$S_r$的定义表达式不同，但计算结果相同。

表 3-16　各种反应性理论及其指数

方法	反应性指数	反应种类及适用范围
静态法	全电子密度 q_r	分子内 π 电子密度不同时的离子反应
	自我极化率 π_{rr}	分子内 π 电子密度相同时的离子反应
	自由原子价 F_r	游离基反应
定域法	定域能 L_r	共轭化合物的取代反应
前线电子法	前线电子密度 f_r	用于比较共轭和饱和化合物分子内的反应性
	超离域能 S_r	用于比较分子内和分子间的反应性
	π 共轭稳定化能 ΔE_{rs}	游离基加成聚合反应等

　　根据前线轨道理论计算的不饱和烃和氮杂环芳香族化合物的超离域能分别列于表 3-17[12,13] 和表 3-18[14]。在煤液化过程中，因反应条件不同产生的可攻击煤中

表 3-17　不饱和烃的超离域能 S_r

化合物结构式	位置	S_r	化合物结构式	位置	S_r
$H_2C\!=\!CH_2$		1.000[12]		1	0.7722[13]
$H_2C\!=\!CH\!-\!CH\!=\!CH_2$	1	1.342[12]		2	0.910[12]
	2	0.894[12]		3	0.830[12]
		0.8333[13]		4	0.894[12]
	α	0.911[12]		1	0.8194[13]
	β	1.266[12]		1	0.9944[13]
	1	0.761[12]		2	0.873
	2	0.931[12]		9	0.703
	3	0.829[12]			
	4	0.911[12]		1	0.9770[13]
	1	0.912[12]			
	2	0.982[12]			

续表

化合物结构式	位置	S_r	化合物结构式	位置	S_r
（结构式）	1	0.9773[13]	（结构式）	1	1.026[12]
				3	1.115[12]
				4	0.829[12]
（结构式）	1	0.9773[13]	（结构式）	1	1.122[12]
				2	0.961[12]
				5	1.505[12]
（结构式）	1	1.073[12]	（结构式）	1	0.953[12]
	2	0.922[12]		2	1.044[12]
	9	1.314[12]		3	0.993[12]
（结构式）	9	1.2899[13]		4	0.865[12]
				5	0.898[12]
				6	0.954[12]
（结构式）	1	0.978[12]	（结构式）	1	0.969[12]
	2	0.859[12]		2	0.887[12]
	3	0.892[12]		3	0.876[12]
	4	0.940[12]		4	0.983[12]
	9	0.998[12]		5	0.999[12]
				6	0.976[12]
（结构式）	9	0.9803[13]	（结构式）	1	1.117[12]
				2	0.865[12]
				3	1.195[12]
			（结构式）	1	1.154[12]
				2	0.991[12]
				5	1.634[12]
				6	1.794[12]
（结构式）	9′	0.9803[13]	（结构式）	1	0.949[12]
				2	0.899[12]
				3	0.863[12]
				4	0.990[12]
				5	1.043[12]
				6	0.965[12]

表 3-18　氮杂环芳香族化合物的超离域能 S_r

化合物结构式	位置	S_r	化合物结构式	位置	S_r
（结构式）	4	1.0527	（结构式）	5	1.0151
	5	1.0059		6	0.9926
	8	0.9905	（结构式）	4	1.0564
（结构式）	5	0.9936		9	1.4732
	6	1.1045		10	1.2738
	7	0.9993			
（结构式）	4	1.0214			
	5	1.0009			

芳环（或可与煤中芳环反应）的活性物种（active species）有所不同。一般认为,在强酸性催化剂存在的情况下可产生质子氢 H^+ 和碳正离子,在大部分其他催化剂存在的情况下则产生 H·或活性介于 H_2 与 H·之间的活性物种（即 H—H 键松动但未完全断裂）及含芳环的游离基。这些物种都可能与芳环反应。对于相同芳环的相同部位而言,攻击芳环的物种的活性越大、位阻越小,反应越容易进行;对于攻击芳环的相同的活性物种而言,芳环接受活性物种的能力越强,反应越容易进行。而芳环接受活性物种的能力与其 S_r 值密切相关:S_r 值越大,芳环接受活性物种的能力越强。

3.3　芳甲基游离基的共振能和共振稳定能

芳环受到活性物种的攻击一般发生取代反应和/或加成反应。在发生亲电或游离基取代反应的情况下,若活性物种攻击芳环的非取代位,则被取代的是 H^+ 或 H·。一般称活性物种攻击芳环的取代位后脱落的基团（或称被取代的基团）为离去基团[15]。这一攻击和脱落的过程涉及共价键的形成和断裂,离去基团的共振稳定性对这一过程,尤其是对共价键断裂的过程有着重要的影响。由简单的 Hückel 分子轨道法计算出的芳甲基游离基的共振稳定能（RSE,见表 3-19[16]）和共振能（RE,见表 3-20[17]）是表征芳甲基游离基共振稳定性的重要参数。

表 3-19　芳甲基游离基的 RSE/kJ·mol⁻¹

芳甲基游离基	RSE	芳甲基游离基	RSE	芳甲基游离基	RSE
(苄基 $\dot{C}H_2$ 结构)	54.4	(菲甲基 $\dot{C}H_2$ 结构)	61.1	(萘甲基 $\dot{C}H_2$ 结构)	61.1
(菲甲基 $\dot{C}H_2$ 结构)	60.7	(萘甲基 $\dot{C}H_2$ 结构)	56.1	(菲甲基 $\dot{C}H_2$ 结构)	55.7
(蒽甲基 $\dot{C}H_2$ 结构)	76.1	(芴甲基 $\dot{C}H_2$ 结构)	59.0	(蒽甲基 $\dot{C}H_2$ 结构)	64.1
(芴甲基 $\dot{C}H_2$ 结构)	56.9	(蒽甲基 $\dot{C}H_2$ 结构)	58.2		

表 3-20　几种芳甲基游离基的 RE/kJ·mol⁻¹

游离基	(苄基 $\dot{C}H_2$ 结构)	(二苯甲基 $\dot{C}H$ 结构)	(萘甲基 $\dot{C}H_2$ 结构)
RE	30.6	54.6	44.4

3.4　供氢化合物供氢能力的表征

Senthilnathan 和 Stein 以 THN 为零基准比较了几种供氢化合物苄位 C—H 键的强度,结果示于表 3-21 中[18]。显然,该表中的 RBDE 值越大,化合物的供氢能力就越强。然而,这些化合物被报道在作为还原剂的同时也促进诸如联芳烃等的缩合反应[18]。

表 3-21　几种供氢体苄位 C—H 键的强度

供氢化合物	THN	DHP	DPM	芴	DHA	呫吨
RBDE	(0)	−1.5	−4.5	−7.5	−10	−11

RBDE:相对的键离解能,其差值与 Gibbs 能的差值等价;DPM:二苯甲烷。

苄基游离基夺取供氢化合物 α-氢原子的相对反应速度也可以作为表征供氢化合物供氢能力的重要指标。表 3-22 以 THN 为基准(取值为 1.00)给出 3 中苄基游离基夺取 13 种供氢化合物中苄位氢的相对反应速度。表 3-21 和表 3-22 所示的结果都表明,3 种常用供氢化合物的供氢能力按 THN<DHP<DHA 的顺序增大。

表 3-22　苄基游离基夺取供氢化合物中苄位氢的相对反应速度[3]

供氢化合物	相对反应速度		
	$PhCH_2$,170℃	o-CH_2=$CHCH_2C_6H_4CH_2$,160℃	$Ph_2CH\cdot$,275℃
1-MN	0.18	—	—
联苄	0.21	0.23	—
DPP	0.30	—	—
甲苯	0.50	0.50	0.60
茚	0.50	—	—
DPM	0.96	0.93	1.00
THN	1.00	1.00	1.00
DHP	1.50	1.90	1.70
1,2-二氢萘	3.3	—	—
4,5-二氢芘	3.6	—	—
TPM	4.3	—	—
芴	7.9	12	18
DHA	33	41	39

TPM:三苯甲烷,DPP:1,3-二苯丙烷,1-MN:1-甲基萘。

参 考 文 献

[1] Benson S W. J Chem Edu, 1965, 42 (9):502～518

[2] Kerr J A. Chemical Reviews, 1966, 66 (5):465～500

[3] Poutsma M L. Energy & Fuels, 1990, 4 (2):113～131

[4] McMillen D F, Malhotra R, Nigenda S E. Fuel, 1989, 68 (3):380～386

[5] Malhotra R, McMillen D F, Tse D S, St. John G A. Energy & Fuels, 1989, 3 (4):465～468

[6] King H H, Stock L M. Fuel, 1984, 63 (6):810～815

[7] Yao T, Kamiya Y. Bull Chem Soc Jpn, 1979, 52 (2):492～495

[8] Stock L M, Duran J E, Huang C B, Srinivas V R, Willis R S. Fuel, 1985, 64 (6):754～760

[9] Sondrel E A, Willson W G, Stenberg V I. Fuel, 1982, 61 (7):925～938

[10] Juntgen H. Fuel, 1984, 63 (6):731～737

[11] Isoda T, Tagaki H, Kusakabe K, Morooka S. Prepr Pap-Am Chem Soc, Div Fuel Chem, 2000, 45 (2):234～237

[12] 米澤貞次郎,永田親義,加藤博史,今村詮,諸熊奎治. 三訂量子化学入門(上),京都:化学同人,1990:

203~233

[13] Futamura S, Koyanagi S, Kamiya Y. Fuel, 1988, 67 (10): 1436~1440

[14] Futamura S, Koyanagi S, Kamiya Y. Energy & Fuels, 1989, 3 (3): 381~385

[15] Linehan J C, Matson D W, Darab J G, Autrey S T, Franz J A, Camaioni D M. Prepr Pap-Am Chem Soc, Div Fuel Chem, 1994, 39 (3): 720~725

[16] Sato Y. Fuel, 1979, 58 (4): 318~319

[17] Herndon W C. J Org Chem, 1981, 46(10): 2119~2125

[18] Senthilnathan V P, Stein S E. J Org Chem, 1988, 53 (3): 3000~3007

4 煤及其相关模型化合物的热解和氢解反应

"热解"(pyrolysis 或 thermolysis)也称热分解(thermal decomposition)和热解聚(thermal depolymerization),顾名思义,即物质受热分解。即使仅局限于煤化学领域而言,热解也是一个范围很广的概念,包括高温热解、低温热解、加氢热解、快速热解、非共价键热解和共价键热解等。热解被认为是包括液化、气化、炭化和燃烧在内的几乎所有煤转化工艺的初期阶段[1]。煤及其相关模型化合物中的某些受热难于断裂的强键在活性氢的参与(一般指受到 H· 的攻击)下有可能断裂,因而称因活性氢的参与而导致共价键断裂的反应为氢解(hydrogenolysis)反应。本章主要讨论煤及其相关模型化合物在较温和条件下的热解和氢解反应。

4.1 煤的热溶解和热解反应

4.1.1 煤的热溶解和热解反应机理

物质的溶解度一般随着温度的上升而增加。如前所述,在常温下煤中部分有机质可以溶解于一些有机溶剂中。在受热状态下,煤中有机质与溶剂间的相互作用加剧,致使更多的有机质脱离煤颗粒以分子状态分散于溶剂中。仅通过热溶解而未发生化学反应而分散于溶剂中的煤中有机质被称作"流动相"(mobil phase)或"客相"(guest phase)。当然,这种"流动相"或"客相"的量因所用煤种、溶剂和受热温度等而异。

因为以分子状态分散于溶剂中的煤中有机质与 H_2 和催化剂的接触和作用效果较好,热溶解被认为是煤液化的重要前期阶段。Derbyshire 等[2]指出,存在于煤中的流动相在煤液化的第一阶段(the first stage)中起着重要作用。Khan 等[3]认为,煤中萃取物比相对应的残煤供氢能力更强。一些研究者[4~8]认为,在 300～350℃乃至更高的温度下得到的萃取物是本来存在于煤中的组分而非热解产物。但 Nishioka 和 Larsen 报道在低达 250℃的温度下,一些煤可以发生缓慢的热解聚反应[9]。

Juntgen 根据煤的热解和加氢热解动力学的研究结果认为:煤的热解包括 C—C 键的断裂、游离基的生成及所生成的游离基重新结合成稳定分子的反应,其中部分游离基结合生成小分子,其余游离基在高温下反应生成焦炭,释放出氢;在 500℃以上和 H_2 存在的情况下,煤中缩合芳环部分加氢,尔后发生加氢裂解反应,导致焦油、苯、甲苯、二甲苯、CH$_4$和水收率的增加[10]。

　　煤的热溶解和热分解都涉及复杂的物理化学变化,很难按温度给二者划定一个清晰的界限。仅从萃取率或溶解率的变化研究煤的热溶解和热分解还很不够,更需要了解的是反应前后煤中有机质具体组成的变化,这是阐明煤的热溶解和热分解机理的前提。

4.1.2　煤的性质和反应条件对煤热解反应性的影响

　　Kamiya[11]等选用一系列芳香族化合物作为添加剂,考察了在 425℃下这些添加剂对澳大利亚的 Yallourn 煤、日本的太平洋煤和赤平煤热解反应的影响。如表 4-1 所示,添加萘时 3 种煤热解后 THF 可溶物的收率都最低;1,2,3,4,5,6,7,8 - 八氢菲(OHP)对 Yallourn 和太平洋煤热解的促进效果最好,而对赤平煤热解的最好的添加剂是 1 - 萘酚。值得注意的是,只有太平洋煤热解后所得 THF 可溶物的收率与 THN、DHP 和 DHA 的供氢能力呈现一定的相关性。

表 4-1　添加芳香族化合物对煤热解反应的影响[a]

添加剂	THF 可溶物/%		
	Yallourn 煤	太平洋煤	赤平煤
萘	64	74	67
1 - MN	64	79	70
菲	70	80	75
杂酚油	66	81	85
蒽油	68	81	85
THN	87	85	85
DHP	91	91	85
DHA	87	92	84
OHP	96	94	88
咔唑	69	84	81
喹啉	66	80	90
苯酚	66	78	88
1 - 萘酚	82	88	95

　　a. 煤 20 g,1-MN 30 mL,THN 10 mL,添加剂 20 mL,H$_2$初压 2 MPa,425℃,0.5 h。

　　Mochida 等[12]较深入地探讨了荧蒽和 1,2,3,10 -四氢荧蒽(THFR)的配比对澳大利亚 Morwell 煤在 450℃下热解反应的影响。他们认为,在热解过程中荧蒽主要使煤溶解,而 THFR 主要起供氢作用,通过优化二者的配比可以促进热解反应的进行。Mochida 等[13]还比较了几种多环供氢化合物对澳大利亚 Morwell 煤热解反应的影响。他们的结果表明:1,4,5,8,9,10 -六氢蒽(HHA)的反应性很大,但因为在到达煤液化的温度之前的加热过程中就已失氢,对煤的热解贡献很小;1,2,3,4,5,6,7,8-八氢蒽(OHA)在 450℃仍较稳定,添加该化合物无助于提高油收率,在 480℃则容易异构化,失去有效的供氢能力;THFR 在 450℃下 5 min 内就可以完全失去其可供的氢,延长时间容易发生逆反应(retrogressive reaction),因而使用 THFR 于煤的热解时有必要适当增加其用量;1,2,3,4,5,6,7,8,9,10,11,12-十二氢三叠苯撑与其部分脱氢衍生物即使在 450℃下也可以发生异构化反应,从而削弱其供氢能力。

Wei 等[14]考察了在 THN、萘中和 N_2 加压下煤中可萃取物对煤的热溶解的影响,发现对在热处理前在 CS_2-NMP 混合溶剂中萃取率高达 60%左右的中国枣庄煤和日本新夕张煤而言,在 350℃下处理后在 CS_2-NMP 混合溶剂中萃取率分别增加至约 70%和 90%,与热处理时所用溶剂无关,而对在热处理前在 CS_2-NMP 混合溶剂中萃取率仅略高于 20%的美国 Illinois No. 6 煤而言,在同样温度下处理后以 THN 作为溶剂比以萘作为溶剂所得 CS_2-NMP 混合溶剂中萃取率高 30%。

Shen 等[15]研究了由枣庄煤的 CS_2-NMP 混合溶剂可溶物中所得的 THF 不溶物的在 N_2 气氛中 100~350℃下的热行为。他们发现,将该 THF 不溶物分别在 THN、萘和 DHP 中,于 100 和 175℃下热处理后生成 CS_2-NMP 混合溶剂不溶物,即发生了逆反应。当加入强供氢化合物 DHA 和 HHA 后,该逆反应受到抑制,且生成 THF 可溶物。他们在 DHA 中、175℃下对枣庄原煤进行热处理,发现与枣庄原煤的萃取物相比,在处理后的煤中,THF 可溶物增加,而 CS_2-NMP 混合溶剂不溶物减少。实际上,这种在较低温度下的"逆反应"或多或少地与被称为"缔合"的分子间的相互作用[16]有关。

在研究煤液化的传统方法中,一般以反应后的煤在某种溶剂(如 THF)中的萃取率作为煤的转化率[17]。这种方法忽略了存在于原煤中的可溶物。Wei 等首次提出净转化率的概念[14],即在计算煤的转化率时应该扣除反应前原煤中可溶物的量。事实上,既非所有可溶物都是反应产物,也非所有不溶物都是保持反应前的形态(分子结构)不变的所谓"未转化煤"。可以用反应前后可溶物或不溶物量的差别作为评价煤液化效果的尺度之一,而不应用"转化率"评价煤液化的效果,更不应该在评价煤液化的效果时使用诸如"THF 转化率"等明显错误的概念,因为"THF 转化率"所指的是 THF 而不是煤被转化的百分比。

最近,Li 等[18]报道了 C (daf)含量从 71.3%到 89.7%的 9 种煤在 175~300℃下 NMP、HHA 及 NMP-HHA 混合溶剂中热溶解反应的研究结果。他们的结果表明,对于 C(daf)含量小于 85%的煤而言,在 NMP 中热处理后的溶解率随热处理温度的上升而增加,且在 NMP 中热处理后的溶解率高于在 HHA 中热处理后的溶解率,而对 C (daf)含量大于 85%的煤而言,在 NMP 中热处理后的溶解率并不随热处理温度的上升而增加,且同样在 300℃ 下热处理后,以 NMP 作为热处理用溶剂比以 HHA 作为热处理用溶剂所得溶解率低。他们还发现,对所用 9 种煤而言,NMP-HHA 混合溶剂对导致热处理后煤的溶解率进一步增加都具有很大的协同作用,这种协同作用与 NMP/HHA 混合比密切相关:低变质的 Banko 煤在含 10% HHA 的混合溶剂中热处理后溶解率最大,而在含更多的 HHA 的混合溶剂中热处理后,高变质煤的溶解率才能达到最大值。

Dai 等[19]研究了兖州煤和大同煤在 175~390℃ 温度范围的热解反应,发现煤中含氧官能团的反应性按以下顺序减小:$RCOOH > PHOH > RCOR' > ROH$。他们用 FTIR 和 ^{13}C-CP MAS NMR 对脱氢前后的煤进行分析的结果表明,脱氧后煤的化学结构发生了明显的变化。

Mondragon 等[1]监控了 5 种哥伦比亚煤程序升温热解过程中释放出的 H_2S 量的变化情况,发现所释放的 H_2S 的量与原煤中的 S 含量没有相关性。这是因为煤中存在多种形态的 S,在热解过程中仅有部分含 S 物种以 H_2S 的形式析出,其他含 S 物种可以分布在焦油和半焦中。

在加热过程中,煤中部分小分子化合物可以保持原有结构不变或者基本不变而挥发出来作为煤焦油的组分。李香兰和谢克昌[20]用蒸馏的方法切取 500℃ 下干馏平朔气煤所得低温煤焦油中 270~340℃ 的馏分,将该馏分与平朔气煤的正庚烷可溶物和 THF 可溶物的组成进行了比较。结果表明,所切取的蒸馏馏分中的脂肪族化合物与正庚烷可溶物的组成相似,而其他化合物与 THF 可溶物具有相似的组成特性。

Zoller 和 Johnston[21]用 TG-PI-MS 研究 20 种不同变质程度煤热解产生的挥发性产物的结果表明:随着煤的变质程度的增加,诸如 $C_nH_{2n}O(n = 2,3,4)$、苯酚类和苯二酚等含氧化合物的相对峰强度减小,而含萘环、菲环和芘环等缩合芳环的化合物的相对峰强度增大;由煤热解挥发出的含硫化合物的质谱信号表明,CS_2 与黄铁矿硫的含量有一定的相关性,而 CH_3SH 与脂肪族硫的含量有一定的相关性。他们用 TG-PI-MS 分析的结果还表明,部分煤及其 THF 或吡啶的萃取物和萃余物热解产生的挥发性产物具有相似的质谱图。根据这些结果,他们认为由 TG-PI-MS 所观察到的大多数化合物是煤结构中共价键断裂的产物。他们用 337 nm 激光解吸质谱(LD-MS)对 Pittsburgh No. 8 煤和 Illinois No. 6 煤溶剂萃取物所作的分析进一步支持了这一结论。根据上述结果,他们推测煤热解产生的挥发性产物像煤本身一样,由一系列分子量不同但结构相似的化合物组成。

4.1.3　煤的快速加氢热解

煤的快速加氢热解是受到关注的煤转化工艺之一。通过在 800℃ 以下的快速加氢热解可以显著提高煤焦油的产率,使液态烃收率高达 15% 以上,相当于高温焦油的 2 倍,且与高温焦油相比,快速加氢裂解所得焦油中油馏分、酚类化合物和非取代缩合多环芳香族化合物含量高,沥青质、烷基芳烃和脂肪烃含量低[22]。

详细了解快速加氢热解所得焦油的组成对有效利用焦油,提高快速加氢热解工艺的经济效益十分重要。董美玉等[23]报道了他们对东胜煤快速加氢热解所得焦油样品的族组分分离与分析的结果。他们先用正己烷萃取焦油,用碱洗涤所得可溶物,加酸中和后得到酚类化合物(A 族组分)和油馏分,然后将油馏分装入通过装有硅胶的层析柱中依次用正己烷、苯和甲醇冲洗,分别得到 B_1、B_2 和 B_3 族组分。他们用 GC/MS 和 GC/FTIR 从 A 族组分中检测出 52 种化合物,包括酚、醛、酮、苯并呋喃;从 B_1 族组分中检测出的化合物主要是长链脂肪烃($C_{14} \sim C_{31}$);从 B_2 族组分中检测出 97 种化合物,主要的化合物是多环芳烃,其中萘的含量最高;从 B_3 族组分中检测出 56 种化合物,均为含 O 或含 N 化合物,其中含量最高的是 2,6-二叔丁基对苯酚,其次是喹啉、异喹啉、苯并喹啉、萘并喹啉和茚并吡啶等。

4.2 芳环的热缩合和热解反应

因煤中富含芳环,了解芳环涉及的反应对揭示煤转化反应机理进而优化煤转化工艺非常重要。

芳环是热稳定性很高的体系,但芳环各部位的共价键能并非均等。例如,比较表 3-6 和表 3-14 的数据可知,苯环中的 C—H 键的键能就比苯环中连接相邻两个 C 原子的共价键的键能小得多,相应地,苯环中的 C—H 键的断裂就比苯环骨骼的断裂容易得多。因此,芳环受热应优先发生脱氢反应:$ArH \longrightarrow Ar\cdot + H\cdot$,所生成的 $Ar\cdot$ 和 $H\cdot$ 成为导致芳环缩合、加氢-缩合及加氢-裂解反应的活性物种。

Badger 等[24,25]研究了菲和蒽的热解反应,他们的结果表明菲和蒽的热解生成重质液体。他们认为反应的初始步骤是形成菲基游离基和蒽基游离基。实际上,生成这些游离基还是与芳环的脱氢密切相关。

4.2.1 芳环的热缩合反应

在非催化条件下,非取代芳烃在 ≤1000℃ 下的特征反应是缩合反应,生成联芳烃、H_2 和部分加氢的芳烃,而芳环本身的裂解被报道仅在 1000℃ 以上才能发生[26~29]。

作为最简单的芳烃,苯在 ≥550℃ 的情况下生成联苯和 H_2[30]。多环芳烃可以在较低的温度下缩合[31]。由萘热缩合生成的 1,1′-联萘(BNp)可以发生分子内的缩合反应生成芘,该反应属两个萘环间的脱氢反应。然而,出乎意料的是添加蒽吨、DHA 或芴等供氢体促进了 BNp 的液相脱氢缩合反应[32]。与苯的热反应不同的是，蒽和菲受热不生成 H_2，而是分别生成联蒽、联菲及蒽和菲的二氢衍生物，其中菲的热反应生成 8 种联菲异构体，而在所生成的联蒽中 2,9′-联蒽的选择率较高[33]。

Senthilnathan 和 Stein[32] 考察了 BNp、1,2′-联萘、1-苯基萘和 9-苯基菲在 440℃ 及在蒟吨、芴和 DPM 等供氢体存在下的热反应，他们发现这些化合物可以发生缩合、离解和异构化反应，这些反应都涉及游离基氢转移过程，供氢化合物的存在对反应影响很大。

4.2.2 芳环的热解反应

Cypres 和 Bettens[34] 研究了特定位置标记 ^{14}C 和 ^3H 的菲在 850～900℃ 温度范围内的热解反应机理。根据他们的结果，反应产物中含有 H_2、甲烷、乙烷、乙烯、乙炔、丙烯、苯、甲苯、茚、萘、芴、荧蒽和芘，表明与他人的报道[26～29]不同，菲环骨骼的断裂在低于 1000℃ 的条件下可以进行。他们推测除按图解 4-1 所示的历程消除 9 位 $^{14}C^3H$ 可生成芴以外，菲环的断裂主要按图解 4-2 所示的方式进行。

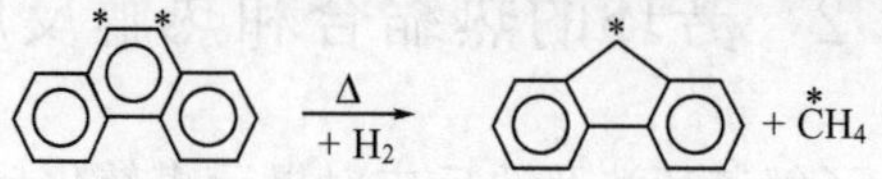

图解 4-1 菲环骨骼断裂生成芴的反应

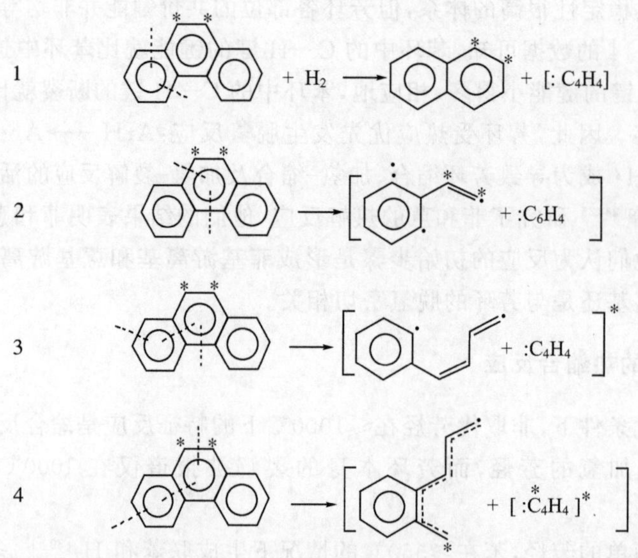

图解 4-2 菲环骨骼的四种主要断裂方式

其中苯和茚的生成都源于第 4 种断裂方式生成的中间体,萘的生成也可源于第 4 种断裂方式生成的中间体(见图解 4-3)。

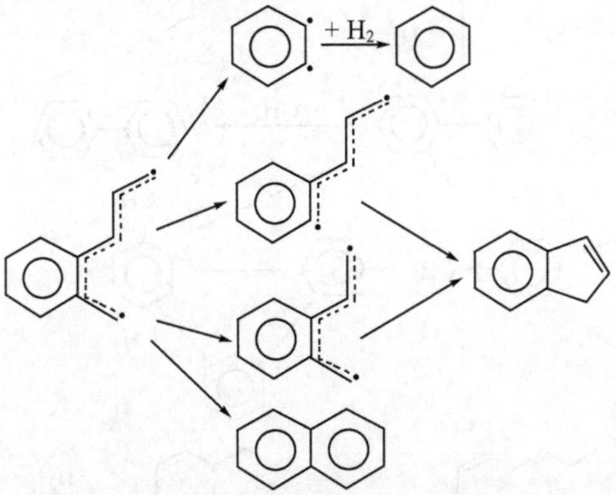

图解 4-3 菲环骨骼断裂生成苯、茚和萘的反应

Ren 等[35]研究了多种芳香族化合物和脂环烃在甲醇和 N_2 气氛中、800～900℃温度范围内的热反应,他们发现在高温下苯、萘、芴、菲、芘、二苯醚(DPE)和氧芴各自都发生一系列复杂的反应,包括偶联、缩合和降解等(图解 4-4～图解 4-9),其中他们提出的菲的热反应机理与 Cypres 和 Bettens[34]提出的机理大不相同。Ren 等[35]还分别考察了在 900℃下硫茚和喹啉的热反应,结果表明硫茚的转化率仅为 3%,已确认的产物苯和甲苯的总收率不足 1%,喹啉的转化率虽高达21.7%,但产物结构不明。

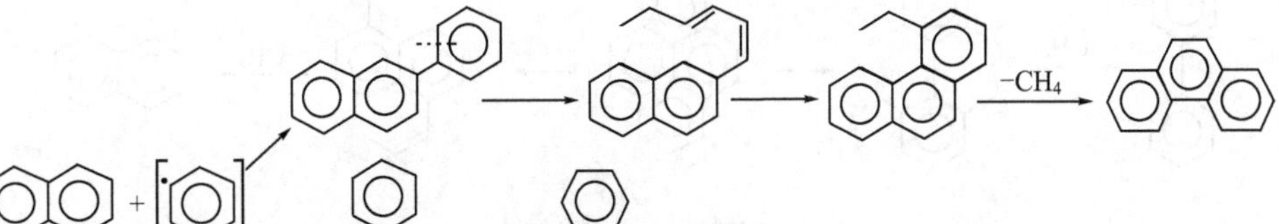

图解 4-4 苯的热反应

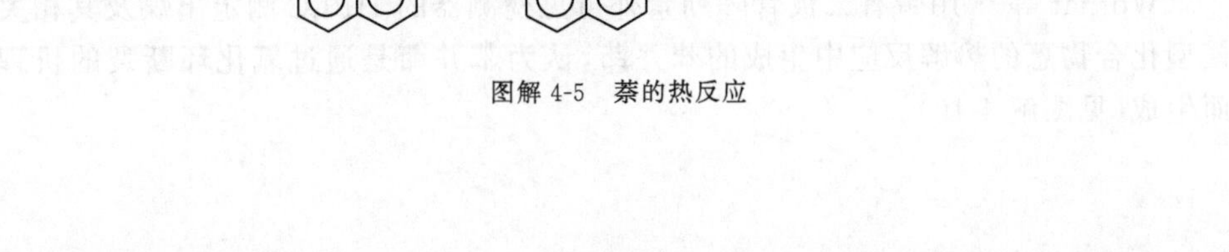

图解 4-5 萘的热反应

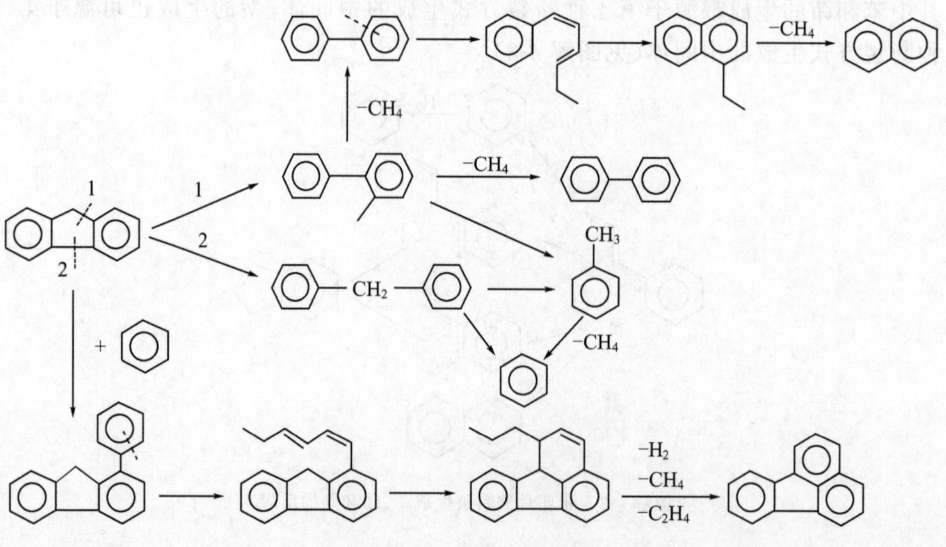

图解 4-6　芴的热反应

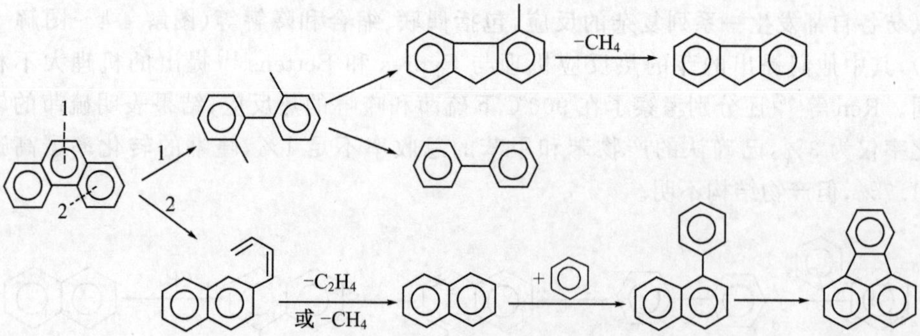

图解 4-7　菲的热反应

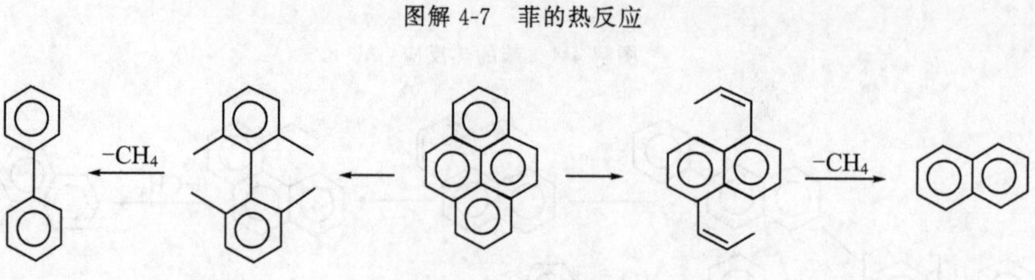

图解 4-8　芘的热反应

Wornat 等[36]用带有二极管阵列紫外可见检测器的 HPLC 测定出煤及其相关模型化合物蒽的热解反应中生成的苯并茚,认为苯并茚是通过氧化环断裂的机理而生成(见图解 4-10)。

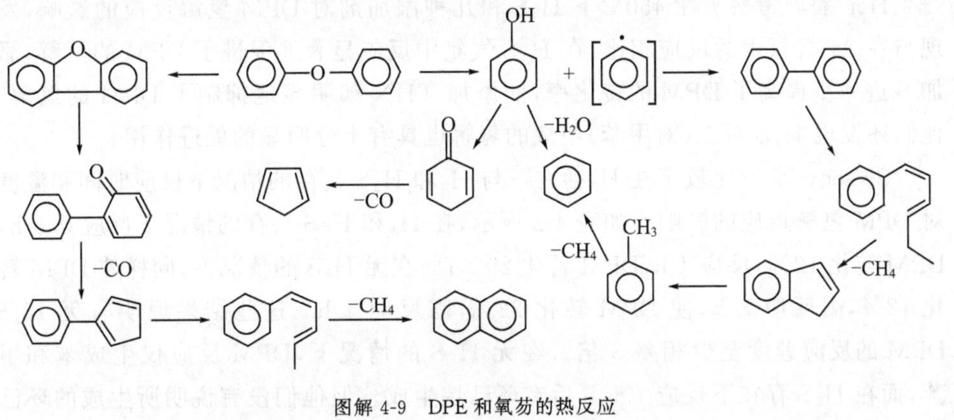

图解 4-9　DPE 和氧芴的热反应

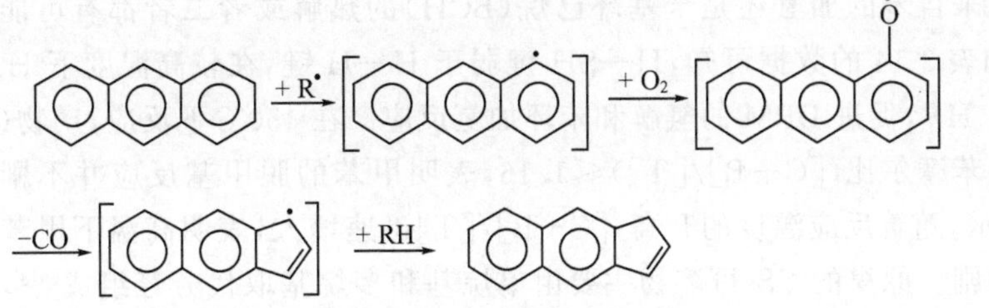

图解 4-10　蒽热解生成苯并茚的反应

4.3　α,ω-二芳基烷烃的热解和氢解反应

　　α,ω-二芳基烷烃(DAAs)的反应是被广泛研究的煤液化模型反应,相应地,人们在 DAAs 的热解方面也做了大量的研究工作,以期了解反应条件、桥键 C 原子数目和芳环结构对 DAAs 中桥键断裂的影响。

4.3.1　二芳基甲烷的热解和氢解反应

　　二芳基甲烷(DAMs)中桥键的直接断裂很困难,因为要生成极不稳定的芳基游离基。但如果能在芳环的取代位导入 H·,DAMs 中桥键的断裂就容易得多,因为桥键断裂后所生成的游离基只有较稳定的芳甲基游离基。因此,常称在氢源(H₂ 和供氢体)存在下的 DAMs 中桥键的断裂的反应为氢解反应。

　　DPM 是 DAMs 中结构最简单的化合物。Futamura 等报道,在非催化条件下,DPM 在 THN 中和 430℃ 下也不转化[37]。但 Wei 等的研究结果表明,当存在 H· 时,DPM 中桥键的断裂在 400℃ 下就可以进行[38]。这些事实说明在氢转移方面供氢体 THN 与 H· 的作用和效果并不相同。

Hei 等[39]考察了在 450℃下 H_2S 和几种添加剂对 DPM 氢解反应的影响,发现与在 Ar 气氛中的反应相比,在 H_2S 气氛中反应显著地促进了 DPM 的氢解,添加 S 进一步提高了 DPM 的转化率,而添加 THN 却明显地抑制了 DPM 的氢解。他们还发现 H_2S 对二(对甲苯)甲烷的氢解也具有十分明显的促进作用。

Sweeny 等[40]比较了在 H_2 存在下与 H_2 和 H_2S 共存的情况下反应时间和温度对 DPM 氢解反应的影响。如表 4-2 所示,在 H_2 和 H_2S 共存的情况下反应 0.5 h,DPM 转化 12%,反应 1 h,DPM 转化 29%;而在无 H_2S 的情况下,同样使 DPM 转化 12%,需反应 2 h,使 DPM 转化 22%,需反应 4 h。这些结果说明有无 H_2S DPM 的反应速度至少相差 3 倍。在无 H_2S 的情况下,DPM 反应仅生成苯和甲苯,而在 H_2S 存在下反应 1.5 h 后有环己烷生成。但他们没有说明所生成的环己烷究竟来自苯的加氢还是苄基环己烷(BCH)的热解或者二者都有可能。比较表 3-11 和表 3-14 的数据可知,H—SH 键弱于 H—H 键,在较高温度下 H_2S 较易于离解出 H·,促进 DPM 的氢解和苯环加氢反应。在 450℃下反应,产物(环己烷+苯)/甲苯摩尔比($[C+B]/[T]$)≤1.16,表明甲苯的脱甲基反应并不剧烈。如表 4-3 所示,随着反应温度的升高,$[C+B]/[T]$ 迅速增大,表明高温下甲苯的脱甲基反应加剧。原煤的 CS_2 可溶物主要由单烷基和多烷基取代芳烃组成[41],而煤焦油中的单烷基和多烷基取代芳烃的含量比非取代芳烃少得多,这一差别应与炼焦过程中烷基芳烃的脱烷基反应有关。

Futamura 等[37]研究了一系列 DAMs 的氢解反应性,所得结果列于表 4-4 中。根据这些结果和所用 DAMs 中不同芳环的 S_r 值(见表 3-17)的差别,他们认为这些 DAMs 的氢解反应性存在差异的原因在于含不同的芳环,因而受氢能力不同。

表 4-2　反应时间对 DPM 氢解反应的影响[a]

H_2S/DPM 摩尔比	反应时间 /h	转化率 /%	产物收率/%(mol)			$[C+B]/[T]$
			环己烷	苯	甲苯	
0	1	4	0	4	4	1
0	1.5	9	0	8	8	1
0	2	12	0	15	14	1.07
0	4	22	0	26	23	1.13
0.9	0.5	12	0	9	10	0.9
0.9	1	29	0	25	22	1.14
0.9	1.5	39	1	30	30	1.03
0.9	2	49	3	37	36	1.11
0.9	4	79	0	66	61	1.16

a. DPM 3 mmol,450℃,H_2/DPM 摩尔比 13.7;$[C+B]/[T]$:(环己烷+苯)/甲苯摩尔比。

表 4-3 温度对 DPM 热解反应的影响[a]

H₂S/DPM 摩尔比	温度 /℃	转化率 /%	产物收率/%(mol)			[C+B]/[T]
			环己烷	苯	甲苯	
0	450	4	0	4	4	1
0	475	25	0	25	21	1.19
0	490	39	0	43	33	1.30
0	500	47	0	60	34	1.76
0	515	68	0	92	46	2
0.9	425	9	0	9	9	1
0.9	450	29	0	25	22	1.14
0.9	465	38	1	36	30	1.23
0.9	480	64	1	70	53	1.34
0.9	500	71	1	79	52	1.52

a. DPM 3 mmol，H₂/DPM 摩尔比 13.7，1 h；[C+B]/[T]：(环己烷＋苯)/甲苯摩尔比。

表 4-4 芳环对 DAMs 氢解反应性的影响[a]

DAMs	DPM	1-BN	DNM	9-苄基菲	1-萘-9′-菲甲烷	9-BA
转化率/%	0	4.9	6.2	7.8	11	99

a. 反应物 7.5 mmol，THN 75 mmol，反应温度 430℃，H₂初压 2.0 MPa，反应时间 0.5 h；1-BN：1-苄基萘；DNM：二(1-萘)甲烷；9-BA：9-苄基蒽。

Futamura 等[42]还考察了添加溶剂精炼煤和多环芳香族化合物对 DAMs 氢解反应的影响。他们认为这些添加剂起着传递氢的作用，传递氢的效果取决于添加剂的受氢-供氢能力和结构稳定性。就受氢能力而言，按吖啶＞蒽＞芘＞菲啶＞喹啉＞1,2-苯并菲＞1-氮杂菲＞4-氮杂菲＞菲＞萘的顺序减小，恰与表 3-17 和表 3-18 所示的这些化合物的 S_r 值大小的顺序相对应。

表 4-5 DNM 的加氢/氢解反应[a]

添加剂	转化率/%		选择率/%(mol)		
	反应物	添加剂	萘	1-MN	H-DNMs
—	2.1	—	61.7	61.7	38.3
DHP	2.1	1.0	57.8	57.8	42.2
DHA	2.1	7.2	41.8	41.8	58.2

a. DPM 7.5 mmol，添加剂 7.5 mmol，十氢萘(DHN)30 mL，H₂初压 10 MPa，400℃，1 h；H-DNMs：DNM 的加氢产物。

由于芳环受氢能力较大，DNM 的反应比 DPM 容易得多。表 4-5 所示的结果[43]表明：尽管转化率较低，DNM 在 400℃下就可以反应；添加供氢化合物 DHP

和 DHA 并未增加 DNM 的转化率,而是减少了 DNM 的氢解反应,增加了 DNM 的芳环加氢反应。

Grigorieva 等[44]研究了多种 DAMs 在过量的 THN 中和氢压下的热解(实际上包括氢解)反应,结果表明所用大多数 DAMs 热解反应速度常数 k 的对数与取代位 C 原子的反应性指数 N_t 之和呈正比,即 $\log k = f \sum N_t$,只有 9-BA 和 DPM 的反应例外(9-BA 的热解反应速度超出预想的 10 倍,而 DPM 的热解反应速度却远小于预想值),其原因是 9-BA 中蒽环的 9,10-位容易加氢生成 9-苄基-9,10-二氢蒽,尔后发生 $C_{烷}-C_{烷}$ 键断裂的反应:

$$\text{(式 4.1)}$$

而 DPM 歧化成二苯甲基游离基和苄基环己二烯游离基:

$$\text{(式 4.2)}$$

前者的反应性较小,缓慢地转化为芴:

$$\text{(式 4.3)}$$

后者的反应性较大,但易将其取代位的氢转移给 THN 而重新生成 DPM:

$$\text{(式 4.4)}$$

反应式 4.2 所示的实际上是 DPM 分子间的氢转移反应。然而,在过量的 THN 的存在下,DPM 中亚甲基的 C—H 键如果离解,所生成的 H· 与攻击 DPM 的取代位相比,更容易夺取 THN 中的 α-氢:

$$\text{(式 4.5)}$$

Grigorieva 等的研究结果[44]也清楚地表明,在氢压下加热至 480℃反应,DPM 在无 THN 的情况下的热解比在 THN 中的热解容易得多。用 S_r 值[45]代替反应性指数更能客观地反映 DAMs 的分子结构与其热解和氢解反应性的相关性。Grigorieva 等检测出反应产物中含有芴[44],但芴的生成未必经由反应式 4.3,因为其中生成的双游离基很不稳定。他们认为 H· 可以攻击 9 -苄基- 9,10 -二氢蒽中苯环的取代位,导致 $C_{芳}$ - $C_{烷}$ 键的断裂[44]:

$$（式 4.6）$$

所生成的 9,10 -二氢蒽- 9 -甲基游离基(DHAM·)可以与 THN 的脱氢产物萘反应:

$$（式 4.7）$$

其依据是在反应产物中检测出苯和 1-MN 而未发现 9 -甲基蒽、9 -甲基- 9,10 -二氢蒽和 9 -甲基- 1,2,3,4 -四氢蒽。但他们没有给出 1-MN 收率的数据。此外,苯的生成未必经由反应式 4.6,因为甲苯也可以脱甲基生成苯。

在反应式 4.1 中生成的 PhCH₂· 反应性较大,9 -(10 -氢)蒽基游离基中 10 -位上的 C—H 键很弱。因此,二者极易发生反应,生成甲苯和蒽:

$$（式 4.8）$$

根据表 3-17 所示的 S_r 值判断,蒽的受氢能力比萘大得多,反应式 4.6 所生成的 DHAM· 应该更容易与蒽反应,按反应式 4.7 的模式生成 9-MA。

4.3.2　二(1 -萘)甲烷及其加氢产物的热解和氢解反应

煤结构单元中既含有芳环,又含有部分加氢的芳环和脂环[46~48]。为了了解构成煤结构单元的成分对连接结构单元的桥键断裂的影响,Wei 等[49]在较温和的条件下进行了 DNM 的催化加氢反应并比较了 DNM 及其各种加氢产物在正十二烷中的热解和氢解反应性。

通过在不同条件下的催化加氢由 DNM 可以得到 1 -萘- 5′-四氢萘甲烷(4H-DNM)、二(5 -四氢萘)甲烷(8H-DNM)、1,5′-二(四氢萘)甲烷(8H′-DNM)、1 -十氢萘- 5′-四氢萘甲烷(14H-DNM)和二(1 -十氢萘)甲烷(20H-DNM),这些化合物的结构式列于表 4-6。表 4-7 给出制备 DNM 加氢产物的条件和所得用于热解反应的样品的组成。样品 MIX 的主要成分是 4H-DNM 和 8H-DNM，样品 8H-DNMs(1)中 8H-DNM 的含量接近 90%，而 8H′-DNM 是样品 8H-DNMs (1) 的主要成分，其含量接近 50%，样品 20H-DNM 主要由 20H-DNM 的多种异构体组成，这些异构体的总含量为 93.1%。

表 4-6　DNM 及其加氢产物的结构式和代码

代码	4H-DNM	8H-DNM	8′H-DNM	14H-DNM	20H-DNM
结构					

表 4-7　DNM 加氢产物的制备条件和组成

制备条件[a]					样品代码	样品组成/%(mol)						
DNM /g	DHN /mL	催化剂 /g	温度 /℃	时间 /h		DNM	4H- DNM	8H- DNM	8H′- DNM	14H- DNM	20H- DNM	其他
9.5	30	0.2[b]	250	24	MIX	12.6	33.5	32.0	10.6	0	0	11.3
4.2	15	1.0[c]	45	10	8H-DNMs(1)	0	0	88.7	8.6	1.0	0	1.7
5.0	15	0.5[d]	300	1	8H-DNMs(2)	0	0.9	29.6	48.6	14.8	0.5	5.6
4.5	15	1.0[c]	150	4	20H-DNM	0	0	0	0	0	93.1	6.9

a. H_2 初压 13 MPa；b. NiMoS/Al_2O_3；c. 稳定 Ni（日挥 N-103）；d. 超细铁粉（粒径约 200Å），为了减小 8H-DNM 的含量，反应 1 h 后，加入 0.05 g S 在 300℃下继续反应 10 min。

图 4-1 给出样品 MIX 在 N_2 加压和不同温度下热解后反应物和产物相对浓度及相对应的反应物的转化率和产物的选择率的变化情况。在 300℃下加热 1 h 后，MIX 中的各反应物均未转化。在 350℃下加热 1 h 后，仅少量的 8H-DNM 和 8H′-DNM 发生分解和脱氢反应；4H-DNM 的浓度虽然变化很小，但由于 DNM 的浓度增加，推测 4H-DNM 也发生了脱氢反应。不可否认，8H-DNM 和 8H′-DNM 的脱氢也导致 4H-DNM 浓度的增加。在 350℃以上，除 DNM 以外，各反应物的转化明显加速。所得分解产物的浓度按 THN＞5-甲基四氢萘(5-MT)＞1-MN＞萘的顺序减小。随着反应温度的升高，THN 和 5-MT 的选择率减小，而 1-MN 和萘的选择率增大，说明在较高温度下反应物及诸如 THN 和 5-MT 的芳环部分加氢的分解产物的脱氢反应加剧。根据反应物的相对浓度的变化和转化率判断，在 N_2 加压下各反应物的反应性按 8H′-DNM＞8H-DNM＞4H-DNM＞DNM 的顺序减小。

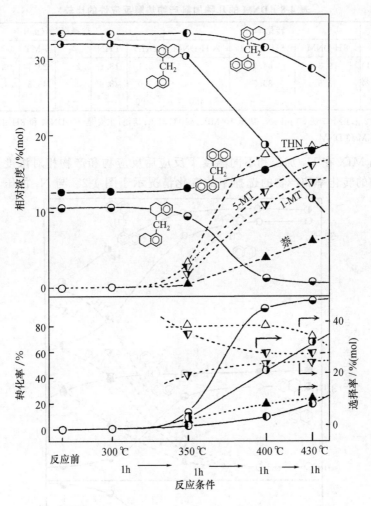

图 4-1　N₂ 加压下样品 MIX 的热解反应

（MIX 2 g,正十二烷 30 mL,N₂ 初压 10 MPa）

表 4-8 比较了在 N₂ 加压和 400℃下 DNM 的几种加氢产物的热解反应性。比较三种加氢产物的转化率可知,8H′-DNM 最容易热解,而 20H-DNM 最难于热解。值得注意的是,8H-DNM 和 8H′-DNM 在样品 8H-DNMs（1）中的转化率都比在样品 8H-DNMs（2）中的转化率略低,且两个样品反应后所得产物的选择率差别很大。其原因可能是在样品 8H-DNMs（2）中易于热解的 8H′-DNM 的浓度较大,分解产生的游离基通过氢转移反应促进 8H-DNM 和 8H′-DNM 热解反应的进行。

表 4-8 DNM 的几种加氢产物热解反应性的比较[a]

样品	转化率/%			选择率/%(mol)					
	8H-DNM	8H'-DNM	20H-DNM	DHN	THN	萘	5-MT	1-MN	其他
8H-DNMs(1)	19.3	84.7	—	5.1	18.6	2.2	23.1	0.6	50.4
8H-DNMs(2)	22.6	89.5	—	3.0	28.9	4.2	45.5	4.1	14.3
20H-DNM	—	—	4.0	>90	—	—	—	—	—

a. 样品 2 g, 正十二烷 30 mL, N₂ 初压 10 MPa, 400℃, 1 h; 其他: 主要是 8H-DNM 和 8H'-DNM 脱氢所得的 4H-DNM 和 DNM。

样品 MIX 在 H₂ 加压和不同温度下反应后反应物和产物相对浓度及相对应的反应物的转化率和产物的选择率的变化情况示于图 4-2。与 N₂ 加压下的情况

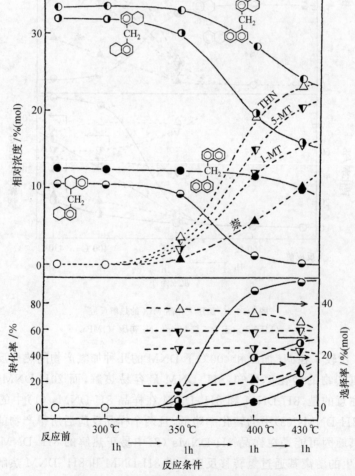

图 4-2 H₂ 加压下样品 MIX 的热解和氢解反应

MIX 2 g, 正十二烷 30 mL, H₂ 初压 10 MPa

类似,在300℃下加热1 h后,MIX中的各反应物均未转化。所不同的是,加热至350℃以上,各反应物的浓度都减小,其中DNM和4H-DNM的浓度变化与N_2加压下的情况相比有十分明显的差别,即H_2对DNM和4H-DNM的反应(包括芳环加氢和桥键断裂)有明显的促进作用。所得分解产物的浓度仍按THN>5-MT>1-MN>萘的顺序减小。随着反应温度的升高,THN的选择率下降,而萘的选择率上升,5-MT和1-MN的选择率基本不变。各反应物的反应性的顺序与N_2加压下的顺序一致。

在N_2加压和400℃下考察了样品8H-DNMs(1)的热解反应。如图4-3所示,随着反应的进行,[8H′-DNM]/{[8H-DNM]+[8H′-DNM]}迅速减小,分解产物5-MT和THN的选择率下降,DHN、萘和1-MN的选择率略有上升,脱氢产物DNM和4H-DNM的选择率明显增加,14H-DNM的选择率也呈增加的趋势。这些结果进一步说明8H′-DNM的热解反应性远大于8H-DNM,且热处理过程中发生了歧化反应。

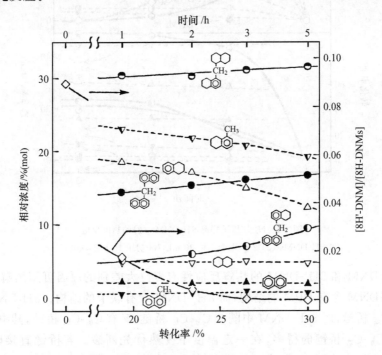

图4-3 N_2加压下样品8H-DNMs(1)的热解反应

8H-DNMs(1) 2 g,正十二烷 30 mL,N_2 初压 10 MPa,400℃

在N_2加压和400℃下对样品8H-DNMs(2)进行热处理的结果(图4-4)也表明8H′-DNM的热解比8H-DNM容易得多,且热处理过程中同时发生了脱氢和加氢反应。

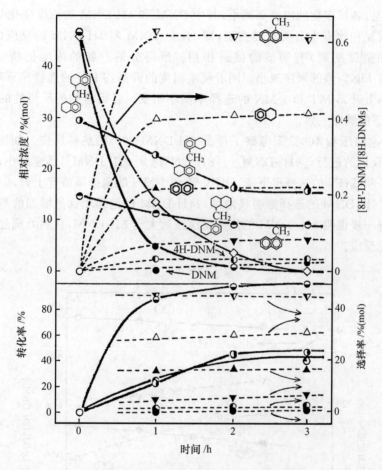

图 4-4　N₂ 加压下样品 8H-DNMs（2）的热解反应

8H-DNMs（2）2 g，正十二烷 30 mL，N₂ 初压 10 MPa，400℃

8H-DNM 和 8H′-DNM 的热解反应性有着巨大差别的原因可用图解 4-11 说明。8H-DNM 含有 DPM 的结构，而 8H′-DNM 含有联苄的结构。8H-DNM 中仅有 C$_芳$-C$_烷$ 桥键，而 8H′-DNM 中既有 C$_芳$-C$_烷$ 桥键，又有 C$_烷$-C$_烷$ 桥键，其中 C$_烷$-C$_烷$ 桥键比 C$_芳$-C$_烷$ 桥键弱得多，在一定温度下受热优先断裂。若桥键直接断裂，由 8H-DNM 和 8H′-DNM 都生成较稳定的 5 -四氢萘甲基游离基（5-THNM·），但生成的另一个游离基的稳定性大不相同：由 8H-DNM 生成的 5-四氢萘基游离基（5-THN·）比由 8H′-DNM 生成的 1-四氢萘基游离基（1-THN·）的稳定性大得多。这是 8H-DNM 和 8H′-DNM 的热解反应性存在巨大差别的根本原因。

图解 4-11　8H-DNM 和 8H′-DNM 中桥键直接断裂的历程

8H-DNM 的热解反应性虽远不及 8H′-DNM,但比 DPM 大得多。这一差别可归因于 8H-DNM 中芳环侧链烷基的供电子效应和分子内的氢转移作用。

4.3.3　1,2-二芳基乙烷的热解和氢解反应

1,2-二芳基乙烷(DAEs)中连接两个 CH_2 的共价键($C_烷$-$C_烷$ 键)断裂生成两个共振稳定性较大的芳甲基游离基($ArCH_2$),因而 DAEs 的热稳定性比相应的 DAMs 小得多。DAMs 中还含有 $C_芳$-$C_烷$ 键。一般地,称 DAMs 中 $C_烷$-$C_烷$ 键断裂的反应为 DAMs 的热解反应,非催化条件下因 H 攻击 DAMs 中芳环的取代位而导致 $C_芳$-$C_烷$ 键断裂的反应为 DAMs 的氢解反应。对 DAEs 热解反应的研究主要集中于反应条件、桥碳取代基和芳环结构对 DAEs 热解和氢解反应的影响。

King 和 Stock[50]研究了在 400℃下添加 Illinois No.6 煤、苄基苯硫醚(BPS)、蒽醌、苯酚、1-萘酚和苯甲酸对联苄热解反应的影响,发现这些添加剂对联苄的热解影响不大。

Burr 和 Javeri 的研究结果表明,在 H_2 存在下,联苄在 600-850℃发生气相热解和氢解反应主要生成苯、甲苯、乙苯和苯乙烯,而不生成二苯乙烯和菲;随着反应温度的升高,甲苯、乙苯和苯乙烯的收率减小,而苯的收率增加[51]。然而,佐藤等在 THN 中于 425℃下进行联苄的气相热解反应时发现产物中有少量的二苯乙烯和菲[52]。根据在 THN 中联苄热解反应的实验结果,他们确定该反应相对于联苄浓度为一级反应,液相反应的活化能和频率因子分别为 257.3 kJ·mol^{-1} 和 $10^{14.4}$ s^{-1},气相反应的活化能和频率因子分别为 252.7 kJ·mol^{-1}和 $10^{14.8}s^{-1}$。

Virk 认为联苄的热解经历了重排反应,即 3,3′-σ 迁移反应[53]:

$$（式4.9）$$

且苄基苯醚（BPE）也可以发生类似反应。

Ruchardt 和 Beckhaus 报道，由于供电子效应和立体效应，在 DAEs 的苄位碳原子上导入烷基可减弱 $C_{烷}-C_{烷}$ 键[54]。如果将热解反应的半衰期定为 1 h，则联苄、1,2-二甲基联苄和 1,1,2,2-四甲基联苄反应温度分别为 444℃[55,56]、365℃ 和 233℃[55]。

Malhotra 等[57]以聚（1,4-二亚甲基萘）（PDMN）作为煤相关模型化合物，考察了在 400℃ 下分别在不同溶剂中该化合物的热解和氢解反应。如表 4-9 所示，在较弱的供氢溶剂 DHP 中反应，PDMN 中桥键断裂的程度达 52%，而在较强的供氢溶剂 DHA 中反应时却降至 39%，但热解/氢解比从在 DHP 中的 0.84 增至在 DHA 中的 1.10，还原/断裂比从在 DHP 中的 0.01 剧增至在 DHA 中的 1.27；与仅在 DHA 中反应相比，在接近等量的 DHA 和蒽中反应，桥键断裂程度和热解/氢解比都有所增加，但还原/断裂比却显著减小。

表 4-9　PDMN 的热解和氢解反应[a]

用量/mg				桥键断裂程度/%	热解/氢解比	还原/断裂比
PDMN	DHP	DHA	蒽			
23	102	0	0	52	0.84	0.01
12	0	52	0	39	1.10	1.27
10	0	45	46	46	1.28	0.10

a. 400℃，1 h。

Korobkov 等[58]研究了在 THN 中、8.5 MPa 氢压（工作压力）下和 370～463℃ 的温度范围内一系列 DAEs 热解反应的动力学，考察了芳环的结构对反应的影响。$ArCH_2-CH_2Ar'$ 键的断裂是这些化合物的主要反应。从表 4-10 和表 4-11 所列的各化合物在 410℃ 下反应的半衰期可以看出，DAEs 中芳环的结构与 DAEs 的反应速度密切相关。Sato 给出的 $Ar\dot{C}H_2$ 的 RSE 值[59]可以较好地说明 DAEs 中芳环的结构对 DAEs 的反应速度的影响，即 $Ar\dot{C}H_2$ 的 RSE 值越大，$ArCH_2-CH_2Ar'$ 键越容易断裂。

Wei 比较了在 N_2 加压下与 H_2 加压下联苄的热解和氢解反应[43]。如表 4-12 所示，同样在 DHN 中和 400℃ 下加热 1 h，联苄在 N_2 加压下转化 2.3%，仅生成甲苯，而在 H_2 加压下转化 3.6%，产物苯、甲苯和乙苯的选择率相差很小，表明在 H_2 加压下显著地促进了联苄中 $C_{芳}-C_{烷}$ 强键的断裂。

表 4-10 PhCH₂CH₂Ar 在 410℃ 下热解反应的半衰期 $\tau_{1/2}$

Ar—	(蒽)	(菲)	(吖啶)	(芴并)	(芴并)
$\tau_{1/2}$/min	2.5	3.2	20.4	36.5	38.5

Ar—	(芴基)	(萘)	(苯基)	(苯)	
$\tau_{1/2}$/min	69.3	74.5	288.8	533.1	

表 4-11 ArCH₂CH₂Ar 在 410℃ 下热解反应的半衰期 $\tau_{1/2}$

Ar—	(蒽)	(菲)	(吖啶)	(芴并)	(芴并)
$\tau_{1/2}$/min	0.015	0.02	0.8	2.4	8.6

Ar—	(萘)	(芘)	(苯)		
$\tau_{1/2}$/min	9.9	147.4	533.1	533.1	

表 4-12 气相对联苄热解和氢解反应的影响[a]

气相	转化率/%	选择率/%(mol)		
		苯	甲苯	乙苯
N₂	2.3	0	200	0
H₂	3.6	98.2	101.8	98.2

a. 联苄 7.5 mmol,DHN 30 mL,N₂ 或 H₂ 初压 10 MPa,400℃,1 h。

Zong 和 Wei[60] 系统地考察了 H₂ 和供氢化合物对 1,2-二(1-萘)乙烷(DNE)热解和氢解反应的影响,所用供氢化合物为 THN、DHP 和 DHA。表 4-13 所示的结果表明,这些化合物的脱氢反应性按 THN<DHP≪DHA 的顺序增大。这一顺

表 4-13 THN、DHP 和 DHA 的脱氢反应[a]

供氢化合物	转化率/%	主要产物
THN	0.7	萘
DHP	1.9	菲
DHA	11.0	蒽

a. 供氢化合物 7.5 mmol,DHN 30 mL,N₂ 初压 10 MPa,400℃,1 h。

序与表 3-21 所示的这些化合物苄位 C—H 键强度的顺序恰好相反,而与表 3-22
所示的这些化合物失去 α-氢的速度的顺序完全一致。即就供氢能力而言,同样按
THN<DHP≪DHA 的顺序增大。

煤中存在类似 DAEs 中 $C_{烷}$-$C_{烷}$ 的较弱的共价键,供氢化合物中苄位 C—H 键
也较弱。被煤化学研究者普遍接受的观点认为:煤中弱的共价键受热断裂生成游
离基碎片,所生成游离基碎片可以夺取供氢化合物的 α-氢使自身稳定(见图解
4-12[61]),从而减少乃至避免游离基碎片之间重新结合生成大分子的反应。

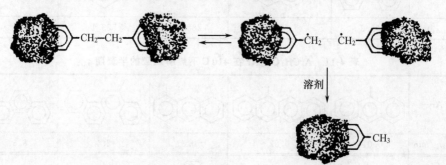

图解 4-12　供氢化合物稳定煤热解生成的游离基碎片的反应

以 DNE 作为煤相关模型化合物的研究结果(见表 4-14)表明,添加供氢化合
物增加了 1-MN 的选择率,且所添加的供氢化合物的供氢能力越强,1-MN 的选
择率越大,说明供氢化合物确实起到稳定 DNE 热解产生的 1-萘甲基游离基
(1-NpCH·)的作用。由表 4-14 所示的结果还可以看出,与在 N_2 加压下的反应相
比,在 H_2 加压下 DNE 的转化率增加 9.3%～17.2%,表明 H_2 促进了 DNE 的热

表 4-14　H_2 和添加的供氢化合物对 DNE 热解反应的影响[a]

添加剂	气相	转化率/%		选择率/%(mol)							桥键断裂/%	
		DNE	添加剂	THN	萘	MTs	1-MN	ETs	1-EN	H-DNEs	$C_{芳}$-$C_{烷}$	$C_{烷}$-$C_{烷}$
无	H_2	73.0	—	0	12.6	9.1	132.2	1.7	9.7	14.9	8.3	51.6
无	N_2	45.8	—	0	1.5	2.8	174.4	0	1.4	4.7	0.6	40.6
THN	H_2	60.6	6.7	—	—	痕量	172.7	0	7.8	5.9	4.7	52.3
THN	N_2	44.9	12.3	—	—	痕量	184.4	0	0	4.2	0	41.3
DHP	H_2	56.9	32.4	痕量	10.4	痕量	175.1	0	10.4	7.2	5.9	49.8
DHP	N_2	44.7	63.0	0	3.2	0	186.6	0	3.2	3.5	0.2	41.7
DHA	H_2	40.5	29.7	0	2.4	0.4	189.7	0	2.3	2.8	0.9	38.5
DHA	N_2	31.2	43.1	0	0.6	0	197.5	0	0.6	0.7	0.2	30.8

a. DNE 7.5 mmol,添加剂 7.5 mmol,H_2 或 N_2 初压 10 MPa,400℃,1 h;MTs:甲基四氢萘,ETs:乙基四
氢萘,1-EN:1-乙基萘,H-DNEs:DNE 的加氢产物。

解反应;然而,添加供氢化合物却减小了 DNE 的转化率,且所添加的供氢化合物的供氢能力越强,DNE 的转化率越小,说明供氢化合物对 DNE 的热解和氢解起着抑制作用。

DHA 对 DNE 热解的抑制作用最大。改变 DHA 的添加量进一步考察了 DHA 对 DNE 热解的抑制作用。如图 4-5 所示,随着 DHA 添加量的增加,DNE 的转化率和 $C_芳$-$C_烷$ 键断裂占全部桥键断裂的比率都迅速下降,相应地,DHA 的转化率上升;从 DHA 与 DNE 的摩尔数相等起,DNE 转化率的降幅趋缓,而 $C_芳$-$C_烷$ 键断裂占全部桥键断裂的比率基本不变。这些结果说明 DHA 对 DNE 中 $C_芳$-$C_烷$ 键的断裂起着明显的抑制作用。

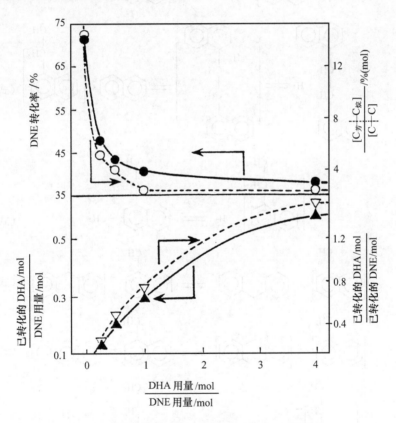

图 4-5　DHA 的添加量对 DNE 热解和氢解反应的影响
DNE 7.5 mmol,DHN 30 mL,H_2 初压 10 MPa

上述实验事实清楚地表明 H_2 与供氢化合物在 DNE 的反应中所起的作用大不相同,这种差异可以用以 DHA 作为供氢化合物的下述反应定性地解释:

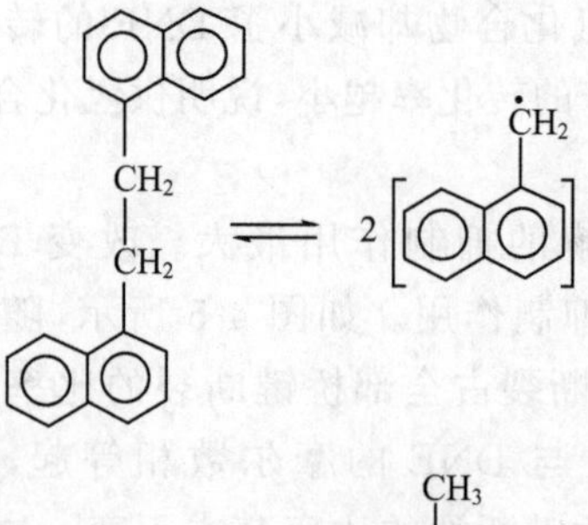

（式 4.10）

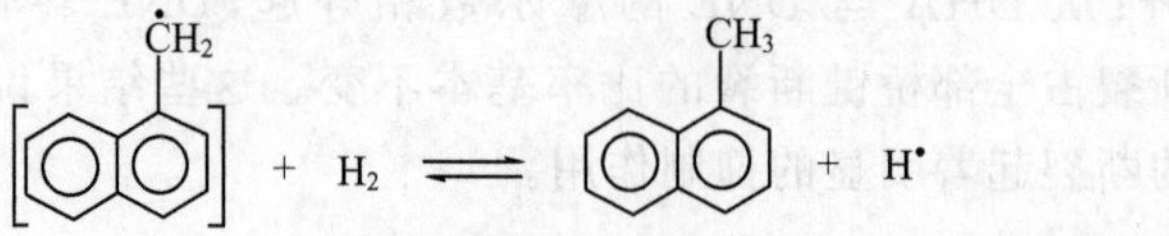

（式 4.11）

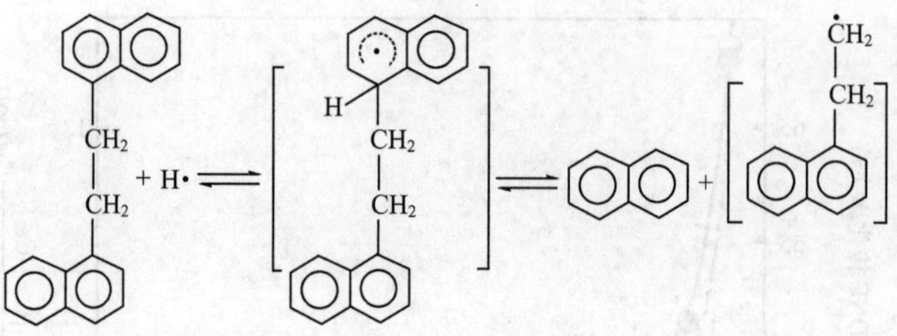

（式 4.12）

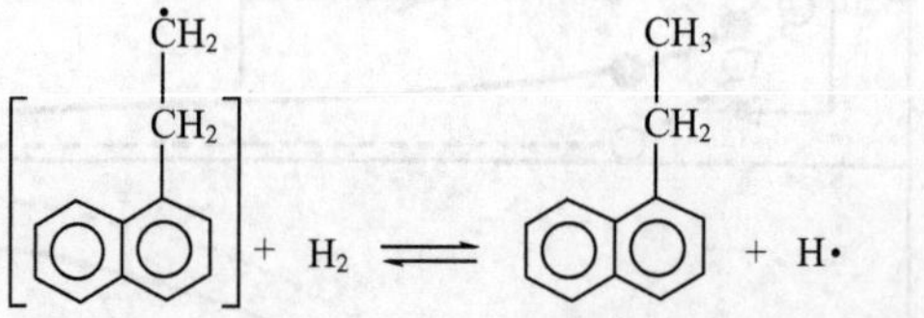

（式 4.13）

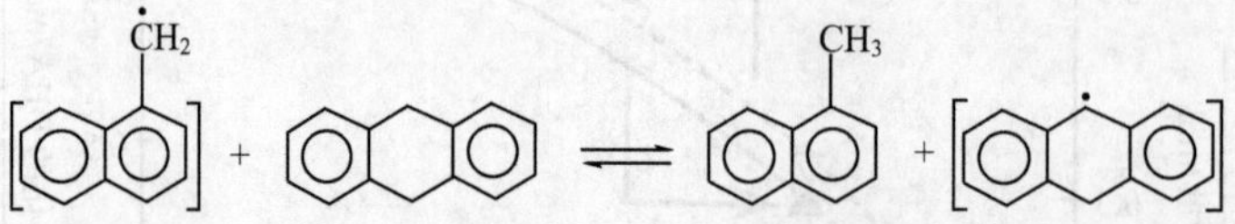

（式 4.14）

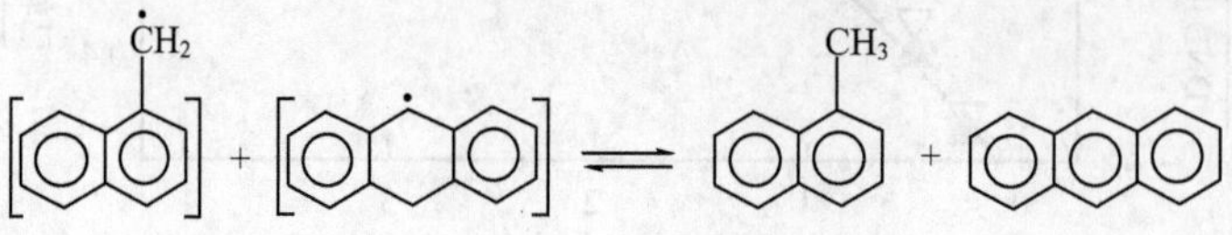

（式 4.15）

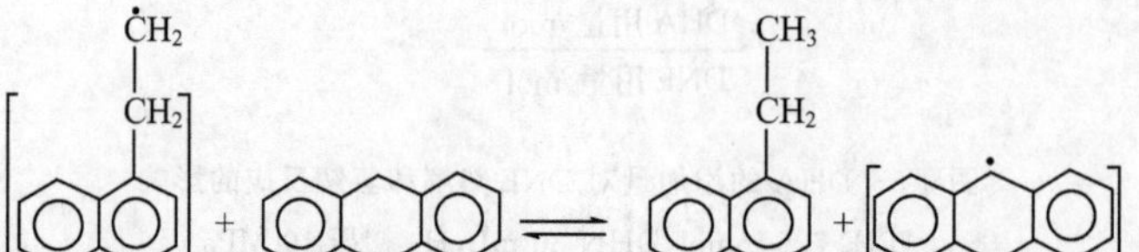

（式 4.16）

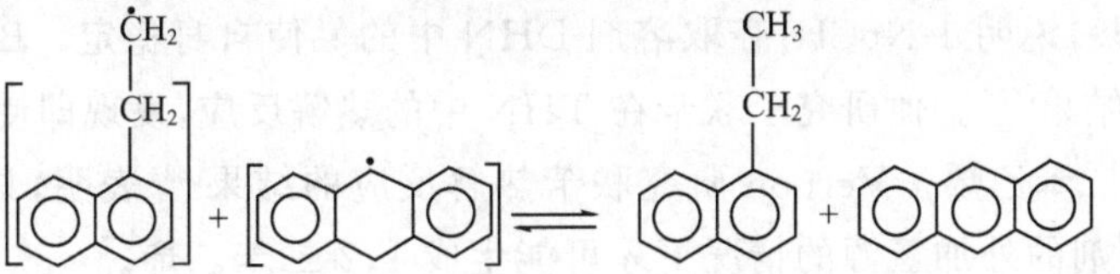

（式 4.17）

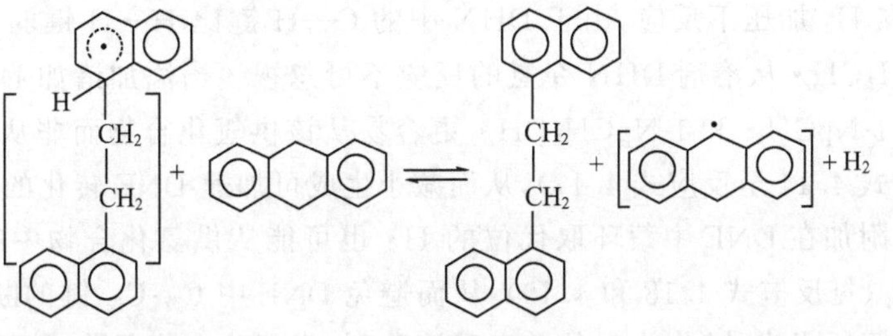

（式 4.18）

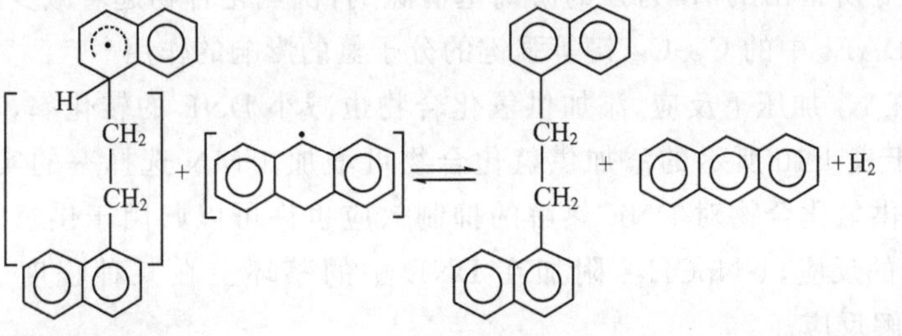

（式 4.19）

由于 $C_{烷}$-$C_{烷}$ 键的键能远小于 $C_{芳}$-$C_{烷}$ 键的键能，作为反应的初始步骤，DNE 的热解应该通过反应式 4.10 所示的 $C_{烷}$-$C_{烷}$ 键的断裂进行。在 H_2 加压下，由反应式 4.10 所生成的 1-Np$\dot{C}H_2$ 与 H_2 反应生成 H·（见反应式 4.11），H· 附加在 DNE 中萘环的取代位上导致 DNE 中 $C_{芳}$-$C_{烷}$ 键的断裂从而生成萘和 2-（1-萘）乙基游离基（1-NpCH$_2$$\dot{C}H_2$）（见反应式 4.12）。由于 1-Np$\dot{C}H_2$ 的共振稳定性远大于 1-NpCH$_2$$\dot{C}H_2$，$H_2$ 与 1-NpCH$_2$$\dot{C}H_2$ 的反应（见反应式 4.13）比与 1-Np$\dot{C}H_2$ 的反应容易得多。H· 也可以附加在 DNE 中萘环的非取代位上生成 H-DNEs。H· 无论附加在 DNE 中萘环的取代位还是非取代位都导致 DNE 转化率的增加。Vernon 在研究联苯的热解和氢解反应时也发现在 H_2 加压下可促进 $C_{芳}$-$C_{烷}$ 键断裂的反应[62]。

表 4-14 所示的结果表明，与在 N_2 加压下的反应相比，在 H_2 加压下 DNE 中 $C_{烷}$-$C_{烷}$ 键断裂的反应也增加，这种增加可能与 H· 附加在 DNE 的芳环上所产生的供电子效应有关。

在 N_2 加压下反应，DNE 中 $C_{烷}$-$C_{烷}$ 键断裂后生成的 1-Np$\dot{C}H_2$ 既可以被溶剂也可以被 DNE 本身稳定，但没有检测到 1,2-二（1-萘）乙烯，却检测出 1,2,3,4,5,

6,7,8-八氢萘,说明 1-NpCH$_2$ 夺取溶剂 DHN 中的氢使自身稳定。Benjamin 也报道了类似的结果[63]。他研究了联苄在 THN 中的热解反应,发现即使加热 24 h 也不生成 1,2-二苯乙烯。Vernon 研究联苄热解反应的结果[62]表明,只有在无诸如 H$_2$ 和含氢溶剂的外加氢源的情况下才可能生成 1,2-二苯乙烯。

即使在 H$_2$ 加压下反应,由于 DHN 中的 C—H 键比 H—H 键弱,1-NpCH$_2$· 和 1-NpCH$_2$CH$_2$· 从溶剂 DHN 夺氢的反应不可忽视。当添加诸如 DHA 等供氢化合物时,1-NpCH$_2$· 和 1-NpCH$_2$CH$_2$· 更容易从该供氢化合物而非从 H$_2$ 中夺取氢(见反应式 4.14 至反应式 4.17),从而减小生成可加速 DNE 转化的 H· 的可能性。另外,附加在 DNE 中萘环取代位的 H· 也可能从供氢化合物中夺取氢生成 DNE 和 H$_2$(见反应式 4.18 和 4.19),从而避免 DNE 中 C$_芳$-C$_烷$ 键的断裂。因此,正如 Shin 等所指出的"作为强的游离基清除剂,供氢化合物起着减少乃至清除可导致诸如 DAEs 中的 C$_芳$-C$_烷$ 键等强键的分子氢的影响的作用[64]"。

即使在 N$_2$ 加压下反应,添加供氢化合物也减小 DNE 的转化率,其机理尚不明确。基于表 4-10 所示的添加供氢化合物可增加 1-MN 选择率的实验结果,在 N$_2$ 加压下供氢化合物对 DNE 热解的抑制效应也许可以归因于供氢化合物清除 1-NpCH$_2$· 的反应,1-NpCH$_2$· 附加在 DNE 中的萘环上在某种程度上可以促进 DNE 的热解反应。

贵传名等[65]比较了在 420℃下 DHP 和 DHA 对 DNE 的热解和氢解反应的影响,结果表明,在 DHA 存在下比在 DHP 存在下 DNE 中的 C$_烷$-C$_烷$ 键容易断裂,但在 DHP 存在下比在 DHA 存在下 DNE 中的 C$_芳$-C$_烷$ 键的断裂容易进行。而由表 4-14 的结果可知:在 H$_2$ 加压下添加 DHP 时 DNE 中的 C$_烷$-C$_烷$ 和 C$_芳$-C$_烷$ 键的断裂都比添加 DHA 时容易进行;在 N$_2$ 加压下添加 DHP 时 DNE 中的 C$_烷$-C$_烷$ 键的断裂也比添加 DHA 时容易进行,但对 C$_芳$-C$_烷$ 键的断裂而言,两种供氢化合物的添加效果几乎等同。贵传名等[65]分别考察了在 380～420℃的温度范围内 DHP 和 DHA 向两种烟煤的氢转移反应,发现在 400℃以下 DHP 向这两种烟煤转移的氢较多,而在 420℃下反应则 DHA 向这两种烟煤转移的氢较多。由此推测,贵传名等[65]与 Zong 和 Wei[60] 的研究结果的差别在很大程度上与反应温度的不同有关。贵传名等[65]还比较了在 430℃下 DHP 和 DHA 对 1,5-二苄基萘(DBN)热解和氢解反应的影响,发现在 DHP 存在下比在 DHA 存在下由 DBN 反应所得到的苯和甲苯的收率都较高。

4.3.4　1,3-二芳基丙烷的热解和氢解反应

1,3-二芳基丙烷(DAPs)中含有两个完全相同的 C$_芳$-C$_烷$ 键和两个含有两个完

全相同的 $C_{烷}$-$C_{烷}$ 键,后者的键能比前者小得多,但却比 DAEs 中的 $C_{烷}$-$C_{烷}$ 键的键能大得多。以 DPP 与联苄的热解反应为例,若仅以键能计算,DPP 与联苄的 $C_{烷}$-$C_{烷}$键均裂的半衰期分别为 19 a 和 14 h[66],由此推测 DAPs 的热解应该比 DAEs 困难得多。然而,比较表 4-12 与表 4-15 [67]所示的结果可知,在同样条件下热解,DPP 的转化率却比联苄大得多,其主要原因是 DPP 的热分解通过链反应[66]进行:

$$PhCH_2CH_2CH_2Ph \Longleftrightarrow Ph\dot{C}H_2 + PhCH_2\dot{C}H_2 \qquad\qquad (式 4.20)$$

$$Ph\dot{C}H_2 + PhCH_2CH_2CH_2Ph \Longleftrightarrow PhCH_3 + Ph\dot{C}HCH_2CH_2Ph \qquad (式 4.21)$$

$$PhCH_2\dot{C}H_2 + PhCH_2CH_2CH_2Ph \Longleftrightarrow PhCH_2CH_3 + Ph\dot{C}HCH_2CH_2Ph \quad (式 4.22)$$

$$Ph\dot{C}HCH_2CH_2Ph \Longleftrightarrow Ph\dot{C}H_2 + PhCH=CH_2 \qquad\qquad (式 4.23)$$

表 4-15　DPP 的非催化反应[a]

气相[b]	反应时间/h	转化率/%	选择率/%(mol)					
			苯	甲苯	乙苯	苯乙烯	丙苯	PEDs[c]
N_2	1	39.9	0	100	2.9	9.8	0	87.4
N_2	2	60.7	0	100	3.9	5.6	0	90.5
N_2	3	71.9	0	100	4.7	3.5	0	91.8
N_2	4	79.1	0	100	5.9	2.9	0	91.2
N_2	7	89.5	0	100	7.4	1.9	0	90.7
N_2	10	93.9	0	100	8.9	1.2	0	89.9
H_2	1	46.4	3.4	96.6	16.7	6.3	3.3	73.7
H_2	2	70.7	5.1	94.9	29.1	2.0	4.9	64.0
H_2	3	81.1	6.7	93.5	31.3	1.2	6.4	60.9
H_2	4	86.8	7.5	92.5	32.8	1.2	7.2	58.8
H_2	7	94.5	10.4	89.6	34.7	0.6	10.0	54.7
H_2	10	97.5	12.7	87.3	36.4	0.6	12.2	50.8

a. DPP 7.5 mmol,DHN 30 mL,400℃;b. 初压 10 MPa;c. PEDs:2-苯乙基十氢萘。

由于苯基自由基 Ph· 极不稳定,难以生成,联苄中亚甲基上的氢原子即使被夺去,在 400℃下也不会诱发链反应:

$$PhCH_2CH_2Ph \Longleftrightarrow 2Ph\dot{C}H_2 \qquad\qquad (式 4.24)$$

$$Ph\dot{C}H_2 + PhCH_2CH_2Ph \Longleftrightarrow PhCH_3 + Ph\dot{C}HCH_2Ph \qquad (式 4.25)$$

$$Ph\dot{C}HCH_2Ph \xrightarrow{\quad\times\quad} PhCH=CH_2 + Ph· \qquad\qquad (式 4.26)$$

由于空间位阻效应,从联苄中夺取亚甲基上的氢原子比从 DPP 中夺取 α-亚甲基上的氢原子困难,但这不是联苄热解困难的关键因素,因为空间位阻效应小的 1,4-二苯丁烷(DPB)在同样条件下的热解转化率也很低[68]。

如表 4-15 所示,在 N_2 加压下反应 1 h,约 40%的 DPP 分解。作为主要产物,甲苯被定量地(选择率为 100%)检测出,乙苯和苯乙烯的总选择率不足 13%。另一类产物的分子量较大,包括多种异构体,彼此有着类似的质谱谱图,质谱数据 m/z(%)如下:242(M^+,6.4~10.7)、151(7.6~12.2)、137(2.4~3.7)、92(100)、91(21.1~27.2)。根据这些数据推断这些化合物为 2-苯乙基十氢萘(PEDs)。在同样条件下使苯乙烯在 DHN 中反应也生成了 PEDs,说明在 DPP 的热解中产生的至少部分 PEDs 是由 DPP 的热解产物苯乙烯与溶剂 DHN 反应生成的。Mc-Millen 等报道煤中游离基可以从全氢菲中夺取氢[69]。由此推测,DPP 热解产生的游离基也可以从 DHN 中夺取氢,生成 9-十氢萘基游离基,继而与苯乙烯反应生成 PEDs。King 和 Stock 认为 THN 脱氢生成的 1-THN· 也可以与苯乙烯反应,但其结果是苯乙烯仅将其 β-CH_2 与 1-THN· 的 α-H· 交换[50]。

　　在 N_2 加压下反应,PEDs 的选择率为 90%左右,远大于乙苯和苯乙烯的总选择率,表明生成的苯乙烯大部分与溶剂 DHN 反应,生成 PEDs,小部分被还原成乙苯。在反应产物中,未检测出苯和 1-丙苯,表明在 N_2 加压下 DPP 的分解反应不涉及 $C_芳$-$C_烷$ 键的断裂。

　　在 H_2 加压下,DPP 的分解速度约为在 N_2 加压下的 1.5 倍(例如,DPP 的转化率在 N_2 加压下经过 3 h 反应为 71.9%,而在 H_2 加压下经过 2 h 反应为70.7%),产物组成也与在 N_2 加压下大不相同:甲苯、苯乙烯 PEDs 的选择性降低,而乙苯的选择性明显提高。值得注意的是在反应产物中测试出苯和 1-丙苯。

　　分子氢对 DPP 分解的促进作用可用下述反应说明:

$$Ph\dot{C}H_2 + H_2 \Longrightarrow PhCH_3 + H· \tag{式 4.27}$$

$$PhCH_2CH_2CH_2Ph + H· \Longleftrightarrow \begin{array}{c} Ph\dot{C}HCH_2CH_2Ph + H_2 \\ \\ \text{(环)}CH_2CH_2CH_2Ph \Longleftrightarrow PhCH_2CH_2\dot{C}H_2 + PhH \end{array} \tag{式 4.28 / 式 4.29}$$

$$PhCH_2CH_2\dot{C}H_2 + H_2 \Longrightarrow PhCH_2CH_2CH_3 + H· \tag{式 4.30}$$

$$PhCH=CH_2 + H_2 \Longrightarrow PhCH_2CH_3 \tag{式 4.31}$$

即 $Ph\dot{C}H_2$ 与 H_2 反应生成的 H·(见反应式 4.27)可以从 DPP 中夺取 α-亚甲基上的氢原子(见反应式 4.28),导致 β-断裂反应(见反应式 4.23)的进行,也可附加在 DPP 中苯环的取代位上,促使 $C_芳$-$C_烷$ 键的断裂(见反应式 4.29),所生成的 $PhCH_2CH_2\dot{C}H_2$ 更易与 H_2 反应使 H· 再生(见反应式 4.30)。H_2 还原苯乙烯的反应(见反应式 4.31)既可以阻止反应 4.22 和反应 4.23 的逆反应的进行,也可以减少 PEDs 的生成。

　　Wei 等[70]还考察了添加供氢化合物对 DPP 热解反应的影响。同样在 DHN 中、N_2 加压下和 400℃下反应 1 h,DPP 的转化率由未添加供氢化合物时的 39.9%

（见表 4-15）降至添加 THN 时的 28.6%、添加 DHP 时的 7.4% 和添加 DHA 时的
3.8%（见表 4-16[70]），表明添加供氢化合物明显地抑制了 DPP 的热解反应，且供
氢化合物的供氢能力越强，对 DPP 热解的抑制效应越大。

表 4-16　添加供氢化合物对 DPP 热解反应的影响[a]

添加剂	转化率/%		选择率/%（mol）			
	DPP	添加剂	甲苯	乙苯	苯乙烯	PEDs
THN	28.6	0.8	100	2.9	19.5	76.7
DHP	7.4	5.3	100	6.4	39.8	53.8
DHA	3.8	8.9	100	60.9	20.8	18.3[a]

a. DPP 7.5 mmol，添加剂 7.5 mmol，DHN 30 mL，N_2 初压 10 MPa，400℃，1 h。

b. 减差法计算的结果。

在 N_2 加压下反应，无论是否添加供氢化合物，从反应混合物中都未检测出苯
和 1-丙苯，表明未发生 $C_芳$-$C_烷$ 键断裂的反应。但添加供氢化合物增加了乙苯的选
择率，减小了 PEDs 的选择率。

以 DHA 为例，供氢化合物对 DPP 热解的抑制作用可以用下述反应说明：

$$\text{（式 4.32）}$$

$$\text{（式 4.33）}$$

$$\text{（式 4.34）}$$

$$\text{（式 4.35）}$$

即供氢化合物通过稳定 $Ph\dot{C}H_2$ 和 $PhCH_2\dot{C}H_2$，阻止了反应 4.21 和反应 4.23 的进
行，从而抑制了 DPP 的热解反应。但添加 BPS、Illinois No. 6 煤、蒽醌和 1,2-苯
并蒽（BA）却能够加速 DPP 的热解反应，其中添加 BPS 对 DPP 热解的促进效果最
为显著，对 Illinois No. 6 煤的热溶解也有十分显著的促进效果[50]。这些添加剂对
DPP 热解的促进作用都与所生成的游离基有关，其中 BA 可与溶剂 THN 反应生
成游离基：

$$\text{（式 4.36）}$$

　　Smith 和 Savage 考察了在 N_2 气氛下、315～450℃ 的温度范围内 2-（3-苯丙基）萘（PPN）和 1,3-二（1-芘）丙烷（BPP，实际上所用反应物是 1,3-二（3-芘）丙烷）的热解反应[71]。他们发现 PPN 的热解反应包括 2-NpCH$_2$-CH$_2$CH$_2$Ph 键和 2-NpCH$_2$CH$_2$-CH$_2$Ph 键的断裂，但未发生 C$_芳$-C$_烷$ 键断裂的反应，而在 BPP 的热解产物中检测出芘，且随着反应的进行，芘的收率单调增加。他们认为芘的热解涉及 C$_芳$-C$_烷$ 键断裂的反应，其原因是 BPP 有供氢作用，且芘环受氢能力较大。但根据他们的结果判断，芘收率的增加在很大程度上是以 3-甲基芘和 3-乙基芘收率的减小为代价，芘的生成主要不是来自 BPP 中 C$_芳$-C$_烷$ 键的断裂，而是源于 3-甲基芘和 3-乙基芘的脱烷基反应。他们观察到 BPP 的反应产物中含有半焦（char），但未讨论半焦生成机理，推测可能由产物 3-芘乙烯的聚合反应所致。

4.3.5　1,4-二苯丁烷的热解和氢解反应

　　King 和 Stock 报道添加游离基引发剂 BPS 可以加速 DPB 的热解反应[72]。Hung 和 Stock 的研究结果[68]表明，在 THN 中、400℃ 或 425℃ 下，DPB 的热解缓慢进行，生成的主要产物为甲苯、乙苯和 1-丙苯。他们推测 1-THN· 引发了 DPB 的热解反应：

$$\text{（式 4.37）}$$

$$\text{PhĊHCH}_2\text{CH}_2\text{CH}_2\text{Ph} \longrightarrow \text{PhCH}=\!\!=\!\!\text{CH}_2 + \text{PhCH}_2\dot{\text{C}}\text{H}_2 \qquad \text{（式 4.38）}$$

$$\text{（式 4.39）}$$

$$\text{PhCH}_2\dot{\text{C}}\text{HCH}_2\text{CH}_2\text{Ph} \longrightarrow \text{PhCH}_2\text{CH}=\!\!=\!\!\text{CH}_2 + \text{Ph}\dot{\text{C}}\text{H}_2 \qquad \text{（式 4.40）}$$

但他们并未比较 DPB 在 THN 中与在其他溶剂中的反应。正像 THN 抑制 DPP 的反应一样，可以推测 THN 对 DPB 的反应也会起到抑制而非引发作用。1-THN· 中更容易与 DPB 热解生成的游离基反应，从而更显著地抑制 DPB 热解反应的进行。

　　DPB 中的 α-氢较容易失去，但由于经 β-位断裂反应（反应 4.38）生成的 PhCH$_2$ĊH$_2$ 不稳定，与 DPP 相比，DPB 的热解反应性差得多。DPB 中的 β-氢不容易失去，故反应 4.39 也难于进行。

4.3.6　4-(1-萘甲基)联苯的热解和氢解反应

　　Witt 和 Broadbelt[73]使用正十四烷和 4-（1-萘甲基）联苯（NBBM）分别作为聚乙烯和煤相关模型化合物，研究了在 420℃ 下两种模型化合物单独和混合情况

下的热解反应,以期为优化煤与塑料共处理工艺提供理论依据。他们的研究结果表明:与单独反应相比,在与 NBBM 混合的情况下正十四烷的热解转化率增加,NBBM 的主要产物在气相中的选择率也增加,而通过充入惰性气体改变压力对反应的影响不大;NBBM 的热解伴随着游离基结合和加成反应。

4.4 含杂原子桥键的芳香族化合物的热解反应

煤中有机结构桥键上的杂原子主要是 O 和 S 原子,N 原子被认为基本存在于芳环上,因而在非催化热解过程中煤中绝大部分 N 原子不是以气体小分子析出,而是残存与焦油和半焦中[74]。如表 3-1、3-2、3-9 和 3-10 所示,与同类型的 RCH_2—CH_2R'键相比,RCH_2—OR'键和 RCH_2—SR'键($R' \neq H$)的键能一般较小,可以在较温和的条件下断裂。切断煤有机质结构中含杂原子的桥键不仅可以使煤降解,而且对脱除杂原子也具有重要意义。

4.4.1 含 O 原子桥键的芳香族化合物的热解反应

苄基苯基醚(BPE)和二苄基醚(DBE)是较容易热解的含 O 原子桥键的芳香族化合物。King 和 Stock 考察了几种添加剂对这两种化合物热解反应的影响[50]。如表 4-17 所示,Illinois No. 6 煤对两种化合物热解反应的促进效果都最显著;添加剂对两种化合物热解反应的促进效果随用量的增加而增大。

表 4-17 添加剂对 BPE 和 DBE 热解反应的影响[a]

添加剂	用量	转化率/%	
		BPE	DBE
无	0	33	22
Illinois No. 6 煤	50 mg	91	100
BPS	0.091 mmol	34	100
蒽醌	0.090 mmol	36	61
BA	0.090 mmol	40	80
苯酚	0.230 mmol	38	47
苯酚	0.760 mmol	51	71
1-萘酚	0.230 mmol	39	58
1-萘酚	0.760 mmol	54	75
苯甲酸	0.230 mmol	41	30
苯甲酸	0.760 mmol	54	45

a. 反应物 0.76 mmol,反应时间 10 min,BPE 反应温度 350℃,DBE 反应温度 400℃。

Yao 和 Kamiya[75]考察了包括 DPE、BPE、DBE、二(2-萘)醚和双苯酮在内的一系列模型化合物在供氢溶剂中、400℃和 450℃下的热解反应。他们的研究结果表明:DPE 的热稳定性很强,即使在 450℃ 下也不转化,二(2-萘)醚在 450℃ 下反应 1 h 转化率为 12.6%,主要产物为 2-萘酚,双苯酮在 450℃ 下仅发生加氢反应,定量地生成 DPM;BPE 在 400℃ 下反应 0.5 h 完全转化,主要产物为甲苯和苯酚,其次是苄基苯酚,而 DBE 在同样条件下转化率仅为 65%,主要生成甲苯。他们还考察了各种添加剂对二(2-萘)醚热解反应的影响,结果表明,二(2-萘)醚在添加剂存在下的转化率由大到小的顺序为:氢醌>对甲氧基苯酚>1-萘酚>对苯基苯酚>喹啉>2,4,6-三甲酚>对甲酚>苯酚>1-MN。

Ozawa 等[76] 比较了在 430~500℃ 的温度范围内 $PhCH_2OPh$ 的非催化热解和在熔融的锡存在下的热解反应,发现锡促进 $PhCH_2OPh$ 异构化生成邻苄基苯酚的反应。

Kamiya 等[77] 以一系列二芳基醚作为煤相关模型化合物,从动力学的角度研究了二芳基醚在的热解反应,考察了芳环结构和溶剂对反应的影响。他们的研究结果(见表 4-18)表明:二芳基醚的热解反应速度在很大程度上受芳环结构和取代位置的制约。

表 4-18　二芳基醚的热解反应[a]

基质	转化率 /%	k_R	产物收率/mol%							
			苯酚	4-苯基苯酚	2-萘酚	1-萘酚	9-菲酚	蒽酮	1,2′-二萘醚	二(2-萘)醚
DPE	3.0	1.0	0.84	—	—	—	—	—	—	—
4-苯氧基联苯	7.6	2.6	1.51	1.67	—	—	—	—	—	—
2-苯氧基萘	12.8	4.5	4.64	—	1.16	—	—	—	—	—
1-苯氧基萘	38.0	15.7	17.0	—	—	1.67	—	—	—	—
9-苯氧基菲	53.0	24.9	27.1	—	—	—	4.12	—	—	—
9-苯氧基蒽	>99.9	>2660	72.8	—	—	—	—	0.53	—	—
二(2-萘)醚	39.2	16.3	—	—	12.8	—	—	—	4.7	—
1,2′-二萘醚	57.0	27.8	—	—	19.5	4.6	—	—	—	2.2
2-萘-9-菲醚	66.1	35.5	—	—	19.1	—	4.4	—	—	—

a. 二芳基醚 5 g,THN 30 mL,H_2 初压 5MPa,430℃,5h;k_R:相对速度常数。

Hei 等[39] 在耐热玻璃反应器中于 475℃ 下进行了 DPE 的热解反应,考察了 H_2S 和添加剂对反应的影响。如表 4-19 所示,在既无 H_2S 又无添加剂的情况下,DPE 的转化率不足 2%;充入 H_2S 后反应,DPE 的转化率剧增至 48%;在 H_2S 存在的情况下,DPE 的转化率因添加剂的不同而异:添加水时略增至 50%,添加 FeS_2 时增至 54%,添加 S 时剧增至 94%,而添加 $Fe_{1-x}S$、316 不锈钢粉(316SS)和

THN 都显著减小 DPE 的转化率。值得注意的是,被认为起促进煤液化作用的供
氢溶剂 THN 和所谓的"活性催化剂"$Fe_{1-x}S$ 都抑制 DPE 热解,尤以前者的抑制作
用最为显著。

表 4-19　H_2S 和添加剂对 DPE 的热解反应的影响[a]

添加剂	[A]/[D]	[H₂S]/[D]	DPE 转化率 /%	添加剂	[A]/[D]	[H₂S]/[D]	DPE 转化率 /%
无	0	0	<2	S	0.67	2.9	94
无	0	2.9	48	$Fe_{1-x}S$[a]	>0.2	2.9	35
H_2O	2.08	2.9	50	316SS[a]	0.42	2.9	35
FeS_2[b]	0.197	2.9	54	THN	0.108	2.9	16

　　a. DPE 0.94 mmol,475℃,1 h;[A]/[D]:添加剂与 DPE 的摩尔比;[H₂S]/[D]:H₂S 与 DPE 的摩尔比;
316SS:316 不锈钢粉。

　　b. 粒径<75 μm。

　　Korobkov 等[78]研究了一系列具有 $Ph(CH_2)_mO(CH_2)_nPh(m,n=0,1,2)$ 结
构的模型化合物在 THN 中和 8.5 MPa 氢压下的热解反应,探讨了桥键 O 原子两
侧的 CH_2 的数目对模型化合物的热解反应速度和反应机理的影响。他们的研究
结果表明:在 350℃下热解时,反应速度的顺序为

$$PhCH_2OPh \gg PhCH_2CH_2OPh > PhCH_2OCH_2Ph > PhCH_2CH_2OCH_2Ph$$
$$> PhCH_2CH_2OCH_2CH_2Ph \gg PhOPh$$

而在 410℃下热解时,则为

$$PhCH_2OPh \gg PhCH_2CH_2OPh > PhCH_2CH_2OCH_2Ph > PhCH_2OCH_2Ph$$
$$> PhCH_2CH_2OCH_2CH_2Ph \gg PhOPh$$

即反应温度不同,反应性顺序稍有差别。

　　PhOPh 如果发生热解,则应生成 PhO· 和 Ph·。由于 Ph· 极不稳定,在
410℃以下的温度下 PhOPh 的热解反应很难进行。

　　$PhCH_2OPh$ 最容易热解的原因是 $PhCH_2$-OPh 断裂后生成的两个游离基都较
稳定:

$$PhCH_2OPh \longrightarrow Ph\dot{C}H_2 + PhO· \qquad (式 4.41)$$

　　在 $PhCH_2OCH_2Ph$ 的热解机理方面尚存在争议。Cronauer 等[79]认为该反应
按分子内重排的机理进行:

$$\longrightarrow PhCH_3 + PhCHO \qquad (式 4.42)$$

该机理涉及分子内 C—O 键和 C—H 键同时(或协同)断裂的过程。证明该机理的可靠性至少要排除反应按以下机理进行的可能性：

$$PhCH_2OCH_2Ph \longrightarrow Ph\dot{C}H_2 + PhCH_2O\cdot \qquad (式\ 4.43)$$

因为通过所生成的两个游离基间的氢转移反应最终同样可以得到 $PhCH_3$ 和 $PhCHO$。

Korobkov 等[78]检测出反应产物中含有大量的苯，他们认为反应还可按以下机理进行：

$$PhCH_2OCH_2Ph \longrightarrow Ph\dot{C}H_2 + PhH + CO \qquad (式\ 4.44)$$

$PhCH_2CH_2OCH_2Ph$ 中有 3 处共价键较弱，相应地，可能发生下述 3 种反应：

$$Ph\dot{C}H_2 + PhCH_2O\dot{C}H_2 \qquad (式\ 4.45)$$
$$PhCH_2CH_2OCH_2Ph \longrightarrow PhCH_2\dot{C}H_2 + PhCH_2O\cdot \qquad (式\ 4.46)$$
$$PhCH_2CH_2O\cdot + Ph\dot{C}H_2 \qquad (式\ 4.47)$$

Korobkov 等[78]的研究结果表明，在 410℃下反应，得到的主要产物是甲苯，其次是乙苯，还检测出少量苯乙烯。他们认为反应主要按生成 $PhCH_2CH_2O\cdot$ 和 $Ph\dot{C}H_2$ 的机理进行。$PhCH_2CH_2O\cdot$ 可以发生脱 CO 反应和还原反应生成甲苯和乙苯：

$$2PhCH_2CH_2O\cdot \longrightarrow PhCH_3 + PhCH_2CH_3 + CO \qquad (式\ 4.48)$$

$PhCH_2\cdot$ 可能从 $PhCH_2CH_3$ 中夺取氢转化为甲苯：

$$2Ph\dot{C}H_2 + PhCH_2CH_3 \longrightarrow 2PhCH_3 + PhCH=CH_2 \qquad (式\ 4.49)$$

Korobkov 等对 $PhCH_2CH_2OCH_2Ph$ 反应机理的推测从键能的角度而言也是合理的。根据表 3-2 和 3-9 的数据估算，$PhCH_2CH_2OCH_2Ph$ 中 3 种共价键键能的顺序为

$$PhCH_2CH_2O—CH_2Ph < PhCH_2—CH_2OCH_2Ph < PhCH_2CH_2—OCH_2Ph$$

$PhCH_2CH_2OCH_2CH_2Ph$ 在 410℃下热解产生几乎等量的甲苯和乙苯及少量的苯乙烯。Korobkov 等认为反应按 C—O 键断裂的机理进行：

$$PhCH_2CH_2OCH_2CH_2Ph \longrightarrow PhCH_2\dot{C}H_2 + PhCH_2CH_2O\cdot \qquad (式\ 4.50)$$

但反应若按此机理进行，甲苯和乙苯的生成量不可能接近相等，因为根据反应式 4.48 由 $PhCH_2CH_2O\cdot$ 生成的甲苯和乙苯应该等量，即甲苯和乙苯的含量比应该接近 1/3。此外，从键能的角度考虑，反应也应该按 $PhCH_2—CH_2OCH_2CH_2Ph$ 键断裂的方式进行：

$$PhCH_2CH_2OCH_2CH_2Ph \longrightarrow Ph\dot{C}H_2 + PhCH_2CH_2O\dot{C}H_2$$
$$\longrightarrow PhCH_3 + PhCH_2CH_3 + CO \qquad (式\ 4.51)$$

Korobkov 等[80]还从动力学的角度研究了几种苯环上含甲基、羟基或醛基取代基

的 BPE($PhCH_2OC_6H_4X$，X 表示 CH_3、OH 或 CHO）在 THN 中、8.5 MPa 氢压下和 275～350℃温度范围内的热解反应，发现这些化合物的反应速度大小顺序为

$$PhCH_2OC_6H_4\text{-}p\text{-}OH > PhCH_2OC_6H_4\text{-}p\text{-}CH_3 > PhCH_2OC_6H_4\text{-}m\text{-}CH_3$$
$$> PhCH_2OPh > PhCH_2OC_6H_4\text{-}p\text{-}CHO$$

即苯环上含有供电子基团增加热解反应速度，含有吸电子基团则减小热解反应速度。他们后来研究了具有 $XC_6H_4CH_2OC_6H_4Y$ 结构的一系列模型化合物的热解反应[81]，发现这些化合物在 325℃下反应的速度常数 k 与 Hammet σ 常数（见表 4-20)的关系用 Hammet 方程[82] $\log(k/k_0) = -2.75(\sigma_X + \sigma_Y)$ 表达时具有很好的相关性。

表 4-20　$XC_6H_4CH_2OC_6H_4Y$ 在 325℃下热解反应的动力学参数

取代基		$\Sigma(\sigma_X + \sigma_Y)$	k/min^{-1}
X	Y		
H	H	0	$(3.0 \pm 0.2) \times 10^{-2}$
H	$m\text{-}CH_3$	-0.07	$(4.7 \pm 0.3) \times 10^{-2}$
H	$p\text{-}CH_3$	-0.17	$(8.9 \pm 0.4) \times 10^{-2}$
$p\text{-}CH_3$	H	-0.17	$(8.8 \pm 0.3) \times 10^{-2}$
$p\text{-}CH_3$	$p\text{-}CH_3$	-0.34	$(2.6 \pm 0.3) \times 10^{-1}$
H	$p\text{-}OH$	-0.37	$(3.1 \pm 0.2) \times 10^{-1}$

Meyer 等[83, 84]考察了茚、THN、四氢喹啉（THQ）和 DHP 对 BPE 热解反应的作用。他们的结果表明，在 300～450℃的温度范围内反应，最有效的溶剂是 DHP，其次是 THN，茚是效果最差的溶剂[83, 84]；在 300℃下加热 THQ 可与 BPE 热解产生的 $PhCH_2\cdot$ 作用生成 N-苄基四氢喹啉而降低其供氢性和可循环使用性，茚则由于聚合反应使之难以作为有效的溶剂使用[83]；在 450℃下 THN 与 DHP 对 BPE 热解反应的效果接近而其他两种溶剂的效果更差[84]。

4.4.2　含 S 原子桥键的芳香族化合物的热解反应

Yao 和 Kamiya[75]在 THN 和 1-MN 混合溶剂中于 450℃下进行了二苯硫醚（DPS）的热解反应，发现反应 0.5 h，10.7%的 DPS 转化，主要热解产物为苯。但 Sondreal 等[85]报道，在 THN 中于 425℃下反应 5 min，DPS 的转化率就可达到 10%，同样条件下 DPE 的转化率为 1%。Yao 和 Kamiya 与 Sondreal 等的研究结果的巨大差别可能与所用溶剂和反应器材质的不同有关。

4.4.3　含 N 原子桥键的芳香族化合物的热解反应

根据表 4-21 所示的结果[50]，添加 Illinois No. 6 煤、BPS、蒽醌、BA、苯酚、1-萘

酚和苯甲酸对 N-苄基苯胺(NBA)和二苄基胺(DBA)的热解都起促进作用,其中 Illinois No. 6 煤的促进效果最显著,DBA 的热解反应性比 NBA 大得多。

Yao 和 Kamiya[75] 报道,在 THN 和 1-MN 混合溶剂中于 450℃下反应 0.5 h, 8.2%的二苯胺(DPA)转化,低于 DPS 的转化率,而同样条件下 DPE 不转化;DPA 的主要热解产物为苯,仅检测出痕量的苯胺。

表 4-21　添加剂对 NBA 和 DBA 热解反应的影响

添加剂	用量	转化率/%	
		NBA[a]	DBA[b]
无	0	14	60
Illinois No. 6 煤	50 mg	100	100
BPS	0.091 mmol	65	100
蒽醌	0.090 mmol	53	93
BA	0.090 mmol	37	91
苯酚	0.230 mmol	55	85
苯酚	0.760 mmol	84	81
1-萘酚	0.230 mmol	79	100
1-萘酚	0.760 mmol	88	99
苯甲酸	0.230 mmol	60	60
苯甲酸	0.760 mmol	78	100

a. NBA 0.76 mmol,400℃,20 min。

b. DBA 0.76 mmol,350℃,10 min。

参 考 文 献

[1] Mondragon F, Jaramillo A, Saldarriaga F, Quintero G, Fernandez J, Ruiz W, Hall P J. Fuel, 1999, 78 (15): 1841~1846

[2] Derbyshire F J, Davis A, Lin R, Stansberry P G, Terrer M T. Fuel Processing Technology, 1986, 12 (1): 127~141

[3] Khan M R, Usmen R, Newton E, Beer S, Chisholm W. Fuel, 1988, 67 (12): 1668~1673

[4] Ouchi K, Tanimoto K, Makabe M, Ito H. Fuel, 1983, 62 (10): 1227~1229

[5] Ouchi K, Ibaragi S, Kobayashi A, Makino K, Ito H. Fuel, 1984, 63 (3): 427~430

[6] Schulten H R, Marzec A. Fuel, 1986, 65 (6): 855~860

[7] Snape C E. Fuel Processing Technology, 1987, 15 (1): 257~279

[8] Marzec A, Schulten H R. Fuel, 1987, 66 (6): 844~850

[9] Nishioka M, Larsen J W. Energy & Fuels, 1990, 4 (1): 100~106

[10] Juntgen H. Fuel, 1984, 63 (6): 731~737

[11] Kamiya Y, Nagae S, Yao T, Hirai H, Fukushima A. Fuel, 1982, 61 (10): 906~911

[12] Mochida I, Yufu A, Sakanishi K, Korai Y. Fuel, 1988, 67 (1): 114~118

[13] Mochida I, Takayama A, Sakada R, Sakanishi K. Energy & Fuels, 1990, 4 (1): 81~84

[14] Wei X Y, Shen J L, Takanohashi T, Iino M. Energy & Fuels, 1989, 3 (5): 575~579

[15] Shen J L, Takanohashi T, Iino M. Energy & Fuels, 1992, 6 (6): 854~858

[16] Sanokawa Y, Takanohashi T, Iino M. Fuel, 1990, 69 (12): 1577~1578

[17] Redlich P J. Jackson W R, Larkins F P. Fuel, 1989, 68 (2): 231~237

[18] Li C, Ashida S, Iino M. Energy & Fuels, 2000, 14 (1): 190~196

[19] Dai Z S, Zhen Y H, Ma L H. Prospects for Coal Science in the 21st Century, Shanxi Science & Technology Press, 1999, I: 633~636

[20] 李香兰,谢克昌. 燃料化学学报,2000,28(1):92~95

[21] Zoller D L, Johnston M V. Energy & Fuels, 1999, 13 (5): 1097~1104

[22] 董美玉,朱子彬,何亦华,丁乃立,唐黎华. 燃料化学学报,2000,28(1):55~58

[23] 董美玉,何亦华,朱子彬,吴莲珍,顾海昕. 华东理工大学学报,2000,26(3):309~314

[24] Badger G M, Donnelly J K, Spotswood T M. Australian J Chem, 1964, 17: 1138

[25] Badger G M, Donnelly J K, Spotswood T M. Australian J Chem, 1964, 17: 1147

[26] Rao V S, Skinner G B. J Phys Chem, 1984, 88 (24): 5990~5995

[27] Kiefer J H, Mizerka L J, Patel M R, Wei H C. J Phys Chem, 1985, 89 (10): 2013~2019

[28] Colket III M B. Prepr Pap-Am Chem Soc, Div Fuel Chem, 1986, 31 (2): 98

[29] Rao V S, Skinner G B. J Phys Chem, 1988, 92 (9): 2442~2448

[30] Dasgupta R, Maiti B R. Ind Eng Chem Process Des Dev, 1986, 25(2): 381~386

[31] Zander M. Fuel, 1986, 65 (7): 1019~1020

[32] Senthilnathan V P, Stein S E. J Org Chem, 1988, 53 (13): 3000~3007

[33] Stein S E, Griffith L L, Billmers R, Chen R H. J Org Chem, 1987, 52 (8): 1582~1591

[34] Cypres R, Bettens B. Fuel, 1986, 65 (4): 507~514

[35] Ren R L, Itoh H, Ouchi K. Fuel, 1989, 68 (1): 58~65

[36] Wornat M J, Mikolajczak C J, Vernaglia B A, Kalish M A. Energy & Fuels, 1999, 13 (5): 1092~1096

[37] Futamura S, Koyanagi S, Kamiya Y. Fuel, 1988, 67 (10): 1436~1440

[38] Wei X Y, Ogata E, Zong Z M, Niki E. Energy & Fuels, 1992, 6 (6): 868~869

[39] Hei R D, Sweeny P G, Stenberg V I. Fuel, 1986, 65 (4): 577~585

[40] Sweeny P G, Stenberg V I, Hei R D, Montano P A. Fuel, 1987, 66 (4): 532~541

[41] 魏贤勇,宗志敏,秦志宏,冀亚飞,刘建周,伍林,陈清如. 化工与材料'99,袁晴棠,金涌主编(中国工程院化工、冶金与材料工程学部第二届学术会议论文集). 1999 年 10 月,pp. 623~628

[42] Futamura S, Koyanagi S, Kamiya Y. Energy & Fuels, 1989, 3 (3): 381~385

[43] Wei X Y. Doctoral Dissertation, The University of Tokyo, Tokyo, 1992

[44] Grigorieva E N, Panchenko S S, Korobkov V Y, Kalechitz I V. Fuel Processing Technology, 1994, 41 (1): 39~53

[45] 米澤貞次郎,永田親義,加藤博史,今村詮,諸熊奎治.三訂.量子化饗入門(上),京都:化饗同人,1990, 203~233

［46］ Takegami Y, Kajiyama S, Yokokawa C. Fuel, 1963, 42 (4): 291～302

［47］ 前河涌典,下川勝義,石井忠雄,武谷愿. 燃料協全誌, 1967, 46 (488): 927～934

［48］ Yoshida T, Tokukashi K, Maekawa Y. Fuel, 1985, 64 (7): 890～896

［49］ Wei X Y, Ogata E, Futamura S, Kamiya Y. Fuel Processing Technology, 1990, 26 (2): 135～148

［50］ King H H, Stock L M. Fuel, 1984, 63 (6): 810～815

［51］ Burr J G, Javeri I. Fuel, 1984, 63 (6): 854～857

［52］ 佐藤芳樹,山川敏雄,大西良二,龜山蝣,天野蝎. 石油櫂全誌,1978,21(2):110～115

［53］ Virk P S. Fuel, 1979, 58 (2): 149～151

［54］ Ruchardt C, Beckhaus H D. Angew Chem, Int Ed Engl, 1980, 19 (6): 429～440

［55］ Stein S E, Robaugh D A, Alfieri A D, Miller R E. J Am Chem Soc, 1982, 104 (24): 6567～6570

［56］ McMillen D F, Ogier W C, Ross D S. J Org Chem, 1981, 46 (16): 3322～3326

［57］ Malhotra R, McMillen D F, Tse D S, St. John G A. Energy & Fuels, 1989, 3 (4): 465～468

［58］ Korobkov V Y, Aboimova E K, Bykov V I, Kalechitz I V. Fuel, 1990, 69 (4): 476～479

［59］ Sato Y. Fuel, 1979, 58 (4): 318～319

［60］ Zong Z M, Wei X Y. Fuel Processing Technology, 1994, 41 (1): 79～85

［61］ Malhotra R, McMillen D F. Energy & Fuels, 1990, 4 (2): 184～193

［62］ Vernon L W. Fuel, 1980, 59 (2): 102～106

［63］ Benjamin B M. Fuel, 1978, 57 (6): 378

［64］ Shin S C, Baldwim R M, Miller R L. Energy & Fuels, 1989, 3 (1): 71～76

［65］ 貴傅名甲,阪東信雄,村田聰,野村正勝. 日本エネルギー櫂全誌,1999,78(8):680～687

［66］ Poutsma M L. Energy & Fuels, 1990, 4 (2): 113～131

［67］ 魏贤勇,宗志敏,小方英辅,二木锐雄. 燃料化学学报,1995,23(3):231～235

［68］ Hung M H, Stock L M. Fuel, 1982, 61 (11): 1161～1163

［69］ McMillen D F, Malhotra R, Tse D S. Energy & Fuels, 1991, 5 (1): 179～187

［70］ 魏贤勇,小方英辅,宗志敏,二木锐雄. 煤炭转化,1995,18(1):67～70

［71］ Smith C M, Savage P E. Energy & Fuels, 1991, 5 (1): 146～155

［72］ King H H, Stock L M. Fuel, 1982, 61 (3): 257～264

［73］ Witt M J D, Broadbelt L J. Energy & Fuels, 1999, 13 (5): 969～983

［74］ Takagi H, Isoda T, Kusakabe K, Morooka S. Energy & Fuels, 1999, 13 (4): 934～940

［75］ Yao T, Kamiya Y. Bull Chem Soc Jpn, 1979, 52 (2): 492～495

［76］ Ozawa S, Suenaga T, Ogino Y. Fuel, 1985, 64 (5): 712～714

［77］ Kamiya Y, Ogata E, Goto K, Nomi T. Fuel, 1986, 65 (4): 586～590

［78］ Korobkov V Y, Grigorieva E N, Bykov V I, Senko O V, Kalechitz I V. Fuel, 1988, 67 (5): 657～662

［79］ Cronauer D C, Jewell D M, Shah Y T, Modi R I. Ind Eng Chem Fundam, 1979, 18(2): 153～162

［80］ Korobkov V Y, Grigorieva E N, Bykov V I, Senko O V, Kalechitz I V. Fuel, 1988, 67 (5): 663～106

［81］ Korobkov V Y, Grigorieva E N, Bykov V I, Senko O V, Kalechitz I V. Fuel, 1989, 68 (2): 262～264

［82］ Johnson C D. The Hammet Equation, Cambridge University Press, Cambridge, UK, 1973

[83] Meyer D, Oviawe P, Nicole D, Lauer J C, Clement J. Fuel, 1990, 69 (10): 1309~1316
[84] Meyer D, Oviawe P, Nicole D, Lauer J C. Fuel, 1990, 69 (10): 1317~1321
[85] Sondreal E A, Wilson W G, Stenberg V I. Fuel, 1982, 61 (10): 925~938

5 煤及其相关模型化合物的
催化加氢和加氢裂解反应

催化加氢和加氢裂解是煤液化的两大关键反应。由于芳环是煤中主要的不饱和部分，对煤液化而言，催化加氢实际上是在催化剂的作用下用 H_2 还原煤中芳环使之转化为相应的脂环的反应，而加氢裂解则涉及 σ 键的断裂。

5.1 溶剂的作用

尽管无溶剂的煤液化反应受到关注，但大多数煤液化反应仍需要在溶剂中进行。由于所用溶剂的量一般较大（尤其对煤液化的基础研究而言），溶剂和催化剂的相互作用对煤液化影响很大[1,2]。一般认为在煤液化工艺过程中溶剂起到如下作用[3]：①将固体煤以浆液的形式输送至反应器的介质；②使煤颗粒溶胀和软化；③向煤供氢；④溶解 H_2 的介质；⑤通过促使催化剂分散和萃取出在催化剂表面上强吸附的毒物。但实际上还应该考虑溶剂在催化剂表面上的吸附作用及溶剂与煤的竞争反应等。

Wei 等比较了几种溶剂和添加剂对 DPM 加氢裂解的影响，实验结果列于表5-1[4,5]中。在 H_2、S 和 FeS_2 的存在下，DPM 的加氢裂解在 DHN 中最容易进行。在反应体系中添加芳烃和部分氢化的芳烃都降低 DPM 的转化率。值得注意的是，部分氢化的芳烃对 DPM 加氢裂解的抑制效应按 THN＜DHP＜DHA 的顺序增加，这一顺序与表 3-22 所示的这些供氢体失氢反应性[6]的顺序一致，即供氢体的"供氢能力"越强，对 FeS_2 催化的 DPM 加氢裂解的抑制效应越大。这一发现否定了所谓供氢溶剂通过传递氢原子促进煤液化的传统观点。

Ouchi 和 Makabe[7] 比较了在稳定化 Ni 的存在下和 DHN、THN 和萘中联苯的反应。他们的结果表明，在其他条件相同的情况下，联苯的转化率因所用溶剂而异，按 DHN＞THN＞萘的顺序降低，而这些溶剂本身转化率大小的顺序则相反。他们还考察了 3 种溶剂在稳定化 Ni 表面的吸附情况，结果表明，吸附强度按 DHN＜THN＜萘的顺序增加。Ogata 等[8] 以 Fe_2O_3 作为催化剂考察了在 DHN、THN 和 1-MN 中菲的加氢反应，发现菲在这些溶剂中的转化率按 DHN＞THN≫1-MN 的顺序降低。他们将这些芳烃（即萘和 1-MN）和部分氢化的芳烃（即 THN）对所用煤相关模型化合物（联苯和菲）反应的抑制作用归因于这些溶剂在催化剂表面上较强的吸附作用。但这一学说不能解释表 5-1 所示的 DHA 比萘和 1-MN 更强烈地抑制了 DPM 加氢裂解的事实,因为缩合的二环芳烃在催化剂表面上的吸附强于非缩合芳烃。

表 5-1　添加缩合芳烃及其部分氢化衍生物对 DPM 加氢裂解的影响[a]

溶剂	添加剂	[A]/[D]	转化率/%		产物选择率/%(mol)		
			DPM	添加剂	苯	甲苯	BCH
DHN[b]	DHA	1.0	0	11.0	—	—	—
DHN	无	0	59.1	—	98.0	97.2	2.4
DHN	DHA	1.0	9.1	85.0	100	100	痕量
DHN	蒽	1.0	5.8	100	100	99.8	痕量
DHN	DHP	1.0	21.4	86.9	100	99.9	痕量
DHN	菲	1.0	19.2	70.1	98.4	97.8	1.9
DHN	THN	1.0	46.5	2.5	100	100	痕量
DHN	萘	1.0	46.1	93.1	99.5	99.6	0.5
DHN	THN	5.0	35.5	2.4	100	100	痕量
DHN	萘	5.0	19.3	61.7	100	100	痕量
DHN	MTs	1.0	33.4	10.8	98.6	98.5	1.4
DHN	1-MN	1.0	11.9	56.2	99.4	94.5	2.9
DHN	1-MN	10.0	4.1	39.2	100	99.7	痕量
1-MN	1-MN	29.0	0.8	17.1	100	96.6	痕量
THN	THN	29.5	18.6	3.8	100	97.6	痕量

　　a. DPM 7.5 mmol,FeS$_2$ 0.5 g,S 0.05 g,DHN+添加剂 30 mL,H$_2$初压 10 MPa,400℃,1 h.
　　b. 未使用 FeS$_2$ 和 S;[A]/[D]:反应前添加剂与 DPM 的摩尔比;MTs 中 1-MT 17.1%,5-甲基四氢萘 82.9%.

　　近年来,一些研究者[9~11]通过实验已经进一步证明了供氢溶剂对一些模型化合物的反应起着抑制作用。Ikenaga 等[11]研究了在供氢溶剂及高分散催化剂 Mo(CO)$_6$-S 和 Ru(acac)$_3$存在下 DNE 和联苯的反应。他们发现,增加供氢溶剂的用量减少 DNE 和联苯的加氢和分解产物的生成量。

　　DHA 是供氢能力很强的化合物。如表 5-1 所示,在以 DHA 作为添加剂的非催化反应中,约 11% 的 DHA 转化成蒽,但 DHA 的脱氢反应并未诱发 DPM 的分解。McMillen 等[12]在 400℃下研究了 DPM 的分解动力学。他们的结果表明,在 THN 中即使反应 20 h,DPM 的转化率也小于 0.1%。根据 McMillen 等提出的在 400℃下、DHA 和 DHP 中 DPM 分解的一级反应速度常数[12],在 1 h 内,在 DHA 和 DHP 中,DPM 的转化率小于 0.15%。这些结果表明,在非催化反应中,诸如 THN、DHP 和 DHA 等供氢体对 DPM 的分解作用甚微。

　　图解 5-1 以 DHA 为例说明在非催化反应中由供氢体传递氢的过程。

图解 5-1　由供氢体向受氢体(A)传递氢的机理

DHA 的 9,10 -位的 C—H 键较弱,受热容易断裂,先生成 9 -氢蒽基自由基和 H· 。由于 9 -氢蒽基自由基中 9 -位的 C—H 键更弱,且所生成的 9 -氢蒽基自由基与 H· 之间的相距较近,加之 H· 的活性很大,H· 夺取 9 -氢蒽基自由基中 9 -位氢生成蒽和 H_2 的反应较易进行。如果受氢体 A 接受氢的能力很强,则可能与 9 -氢蒽基自由基和 H· 反应,实现 DHA 向受氢体的氢转移。但有关各种供氢体与不同受氢体反应的动力学研究尚未见报道。

在煤液化过程中,溶剂与溶解的煤中有机质或其衍生物之间存在着复杂的氢传递关系。受氢体既可能是缩合芳环,也可能是游离基碎片。缩合芳环的受氢能力由其 S_r 值表征,游离基碎片的受氢能力与其共振稳定性相关。缩合芳环的 S_r 值越大,游离基碎片的共振稳定性越小,受氢能力越大。高压 H_2 提供氢源,催化剂起着加速氢转移反应的作用。但氢转移反应的具体方式因所用催化剂的类型而异。

Thomas 等[13]提出,根据如下反应,由 FeS_2 分解所产生的活性 S 对氢原子的生成起着重要作用:

$$FeS_2 \longrightarrow FeS + S \qquad\qquad\text{(式 5.1)}$$

$$S + H_2 \longrightarrow H· + HS· \qquad\qquad\text{(式 5.2)}$$

$$HS· + H_2 \longrightarrow H· + H_2S \qquad\qquad\text{(式 5.3)}$$

由反应 5.2 和 5.3 所产生的 H· 对 DPM 的取代位的附加应是 DPM 加氢裂解的关键步骤。实际上,上述反应中所产生的铁的硫化物应该是磁黄铁矿 FeS_{1+x}[14]或 $Fe_{1-x}S$[15~18],活性硫应该是硫游离基 ·S· 。

为了进一步证实 H· 对 DPM 加氢裂解所起的关键作用,Wei 等[5,19]考察了非催化条件下添加联苄对 DPM 分解反应的影响。表 5-2 所示的结果表明,DPM 的分解只有当联苄共存时才能进行。在这种情况下,H_2 稳定由联苄热分解产生的 $PhCH_2·$[20],生成 H·[20]:

$$PhCH_2CH_2Ph \longrightarrow 2Ph\dot{C}H_2 \qquad\qquad\text{(式 5.4)}$$

$$Ph\dot{C}H_2 + H_2 \longrightarrow PhCH_3 + H· \qquad\qquad\text{(式 5.5)}$$

因此，FeS$_2$对 DPM 加氢裂解的催化作用主要应归因于分解诱发产生的 H·。如表5-2 所示，与在 N$_2$ 加压下的反应相比，在 H$_2$ 加压下联苄的转化率增加。可以认为所增加的转化率由 H· 诱发的联苄的分解所致。

表 5-2　H· 引发的 DPM 的分解反应[a]

添加剂	气相	转化率/%	
		DPM	联苄
无	H$_2$	0	—
联苄[b]	N$_2$	0	21.7
联苄[b]	H$_2$	12.4	28.3

a. DPM 7.5 mmol，DHN 30 mL，H$_2$ 或 N$_2$ 初压 10 MPa，400℃，10 h。

b. 7.5 mmol。

Futamura 等[21] 研究了添加联苄对 DNM 氢解反应的影响，结果列于表 5-3 中。在以 THN 为溶剂的体系中添加 DNM 摩尔数一半的联苄，DNM 的转化率增加 2 倍，THN 的转化率增加 0.5 倍，在反应产物中检测出少量 1-BN；而在以 1-MN 为溶剂的体系中添加 DNM 摩尔数一半的联苄，DNM 的转化率不变，添加与 DNM 等摩尔数的联苄后反应，DNM 的转化率由 5% 增至 8%，在反应产物中也检测出 1-BN。Futamura 等认为添加联苄对 DNM 氢解的促进作用是因为由联苄分解产生的 PhĊH$_2$ 攻击 DNM 中萘环的取代位，导致连接萘环和 1-萘甲基的 C-C 键断裂；所产生的 PhĊH$_2$ 还可以夺取 THN 中的 α-H，使失去 α-H 的 THN 可以较容易地提供 β-H 以攻击 DNM 中萘环的取代位，同样促进 DNM 的氢解反应。但他们的这一解释需要用在无 H$_2$ 的惰性气氛下的反应予以证实。

表 5-3　添加联苄对 DNM 氢解反应的影响[a]

溶剂	[联苄]/[DNM]	转化率/%			甲苯选择率/%（mol）	1-BN 选择率/%（mol）
		DNM	溶剂	联苄		
THN	0	7	8	—	—	—
THN	0.5	21	12	63	72	0.7
1-MN	0	5	0.3	—	88	0
1-MN	0.5	5	0.2	59	67	0
1-MN	1	8	1.4	58	68	3.0

a. DNM 7.5 mmol，溶剂 75 mmol，H$_2$ 初压 2.0 MPa，460℃，0.5 h。

如表 5-1 所示，当使用少量的添加剂（如 [A]/[D]＝1）时，在对 DPM 转化率的影响方面，THN 和萘没有实质性的差别，DHP 与菲、DHA 与蒽的差别也很小，因为萘、菲和蒽被迅速加氢分别生成 THN、DHP 和 DHA。即使在 [A]/[D]＝1 的情况下,1-MN 比 MTs 也明显地表现出对 DPM 加氢裂解的更大的抑制效应,此时约 43.2％的 1-MN 未被加氢(1-MN 的转化率为 56.8％)。在 1-MN 作为溶剂和/或添加剂的情况下几乎没有 THN 和萘生成,表明在反应条件下 1-MN 的脱甲基反应难以进行。相应地,在以 THN 作为添加剂的反应中,反应产物中没有正丁苯,表明 THN 中的 $C_{芳}$-$C_{烷}$ 键没有断裂。这些事实说明氢原子附加在芳环的取代位上不一定导致 $C_{芳}$-$C_{烷}$ 键的断裂。生成的烷基和芳烷基游离基的共振稳定性对 $C_{芳}$-$C_{烷}$ 键的断裂也很重要[22,23]。在[A]/[D]=5 的情况下,THN 和萘对 DPM 加氢裂解的抑制作用大不相同,表明诸如萘和 1-MN 等缩合芳烃与对应的氢化芳烃相比对 DPM 加氢裂解的抑制作用更显著。缩合芳烃的这种更大的抑制效应可归因为其对催化剂表面的更强的吸附力和在反应过程中对 H· 更大的清除作用。

　　图解 5-2 以 DHA 和蒽为例,说明部分氢化的芳烃及其对应的缩合芳烃在 FeS_2 催化的加氢裂解过程中参与的反应。

图解 5-2　DHA 和蒽在 FeS_2 催化的加氢裂解过程中参与的反应

　　在这些反应中,DHA 和蒽都起着清除 H·,从而抑制 FeS_2 催化的加氢裂解反应的作用。

　　Wei 等[24]考察了在 300℃下溶剂对 FeS_2 催化的 DNM 加氢裂解反应的影响。如表 5-4 所示,若无催化剂存在,即使在高压 H_2 存在的情况下,DNM 也不反应;而在 DHN 中、FeS_2 和高压 N_2 存在下反应,1.4％的 DNM 转化成 1-MN 和萘,表明虽然程度很小,但 FeS₂ 可以催化由仅有微弱供氢能力的 DHN 向 DNM 的氢转移反应。

表 5-4　溶剂对 FeS₂ 催化的 DNM 加氢裂解反应的影响[a]

溶剂	转化率/%		选择率/%(mol)				
	DNM	溶剂	THN	萘	MTs	1-MN	H-DNMs
DHN[b]	0	0	0	0	0	0	0
DHN[c]	1.4	0.1	—	100	0	100	0
DHN	91.7	0	4.3	95.7	3.6	89.0	2.9
DPM	88.0	0.7	2.2	97.4	1.5	78.0	0.8
正十二烷	87.3	0	5.6	94.0	18.3	86.2	2.9
THN	84.9	2.8	—	—	13.3	70.9	21.8
萘	8.6	0.8			3.8	73.6	22.6
1-MN	3.1	0.2	0	69.0		—	31.0

a. DNM 7.5 mmol,FeS₂ 0.5 g,S 0.05 g,溶剂 30 mL 或 30 g,H₂ 或 N₂ 初压 10 MPa,300℃,1 h。

b. 空白试验(未使用 FeS₂ 和 S)。

c. 在高压 N₂ 存在下的反应物。

在其他条件相同的情况下,DNM 在几种溶剂中反应性的顺序为

DHN>DPM>正十二烷>THN≫萘≫1-MN

比较表 5-1 和表 5-4 的数据可见,DPM 在 THN 中反应的转化率不及在 DHN 中反应的转化率的 1/3,而 DNM 在 THN 中反应的转化率与在 DHN 中反应的转化率相差不大。原因之一是 DNM 在催化剂表面的吸附强度远大于 THN,而 DPM 在催化剂表面的吸附强度与 THN 相当,即 DNM 抵抗因 THN 在催化剂表面吸附而抑制 DNM 加氢裂解的能力较强;原因之二是 DNM 的反应在 300℃下进行,而 DPM 的反应在 400℃下进行,在高温下 THN 中的苄位氢原子较容易被 FeS₂ 与 H₂ 反应产生的 H· 夺去,即 THN 在高温下更容易清除对加氢裂解反应至关重要的 H·,从而更强烈地抑制加氢裂解反应。由于在催化剂表面的吸附强度更大,且其中苄位氢清除 H· 的能力更强,1-MN 对 DPM 和 DNM 加氢裂解的抑制作用远大于 THN。

Ogata 等[25]以 NiMoS/Al₂O₃ 作为催化剂,比较了在 300℃下几种溶剂对 DNM 加氢/加氢裂解反应的影响。如表 5-5 所示,DNM 在几种溶剂中的转化率按 DHN>联苯>DPM>THN≫萘>菲>1-MN 的顺序减小。联苯、DPM 和 THN 都不是缩合芳烃,但这些化合物对 DNM 加氢/加氢裂解反应的抑制作用的差别仍较大,这种差别在很大程度上与所用溶剂分子苄位氢原子的数目有关,如前

所述,这些苄位氢起着清除 H· 的作用。萘与 1-MN 对 DNM 反应抑制作用的差别也应与苄位氢原子的存在与否有关。

表 5-5　溶剂对 NiMoS/Al₂O₃ 催化的 DNM 加氢/加氢裂解反应的影响[a]

溶剂	DNM 转化率 /%	选择率/%（mol）				
		THN	萘	MTs	1-MN	H-DNMs
DHN	57.4	6.0	31.7	6.0	31.5	62.4
联苯	41.3	6.0	51.5	5.9	51.6	42.5
DPM	33.1	3.4	44.7	3.4	44.6	51.9
THN	24.4	—	—	2.4	52.2	45.4
萘	6.0	—	—	—	41.8	57.6
菲	3.3	0	痕量	0	痕量	100
1-MN	1.9	0	痕量	0	—	100

　　a. DNM 7.5 mmol,0.04 g,S 0.04 g,溶剂 30 mL 或 30 g,H₂ 初压 10 MPa,300℃,1 h。

　　这些结果表明芳烃和部分氢化的芳烃不适于作为 FeS₂ 催化反应的溶剂。尽管 DHN 已被证明是 DPM 加氢裂解的有效溶剂,但由于它难于使煤溶解,可能不适用于煤液化。因此,有必要探索既能有效溶解煤有不干扰催化加氢和加氢裂解的溶剂。

　　Takagi 等[26]考察了溶剂对单环芳香族化合物加氢反应的影响。他们发现 Ru/Al₂O₃ 催化的苄醇反应的转化率因所用溶剂的不同而异,按乙酸≈乙醇＞正己烷≈甲醇≫1,4-二氧杂环乙烷≫THF≈异丙醇＞丙酮≈苯＞乙醚≫二甲酰胺≈二甲亚砜≈NMP 的顺序减小,在后 3 种溶剂中苄醇几乎不反应。他们认为,溶剂对单环芳香族化合物催化加氢的作用效果受如下因素制约:表征溶剂极性的 δ 值、溶剂与单环芳香族化合物的竞争加氢、溶剂的相对介电常数及含硫或氮的溶剂使催化剂失活的作用。

5.2　催化剂存在下的氢转移反应

　　催化剂在煤液化过程中起着极其重要的作用,也是影响煤液化成本的关键因素之一[27]。对由煤制取液化油过程中所用催化剂的基本要求是使煤中桥键断裂和芳环加氢的活性高、催化剂成本低且用量少,对可弃型催化剂而言还要求弃用后不造成环境污染。

　　尽管国内外有关研究者在煤及其相关模型化合物的催化加氢和加氢裂解反应机理方面做了大量的工作,但对催化剂存在下煤及其相关模型化合物的加氢和加氢裂解反应怎样进行,或者换言之,对催化剂在氢向煤及其相关模型化合物转移的过程中究竟起何作用这一涉及煤液化反应的关键性学术问题尚未达成共识。早期居支配地位的学术观点认为在煤液化过程中催化剂的主要作用是使溶剂加氢以生成可向煤转移氢的供氢体,即催化剂促进由分子氢向溶剂、进而由溶剂向煤的氢转移[28~30]。但这一学术观点正在受到强有力的挑战。大量的实验事实[7,20,31]已经表明,在煤液化过程中主要反应是分子氢向煤的直接氢转移,尤其是在活性催化剂和高压 H_2 共存下更是如此。

用于煤及其相关模型化合物反应的催化剂很多。田部和服部[32]将用于煤液化的催化剂分为如表 5-6 所示的 5 类。笔者认为如侧重考虑煤相关模型化合物的反应,分为以下 5 类为宜:金属、金属硫化物、金属氧化物、包括金属卤化物在内的酸性催化剂和炭黑。

表 5-6 用于煤液化的催化剂

氧化物	硫化物	卤化物	熔融金属	其他
SnO_2、ZnO、Fe_2O_3、Al_2O_3、SiO_2-Al_2O_3、TiO_2-SiO_2、MoO_3-SiO_2、MoO_3-TiO_2、Re_2O_7-Al_2O_3、MoO_3-CoO-Al_2O_3、MoO_3-NiO-Al_2O_3、MoO_3-$NiSO_4$-Al_2O_3、MoO_3-$NiSO_4$-TiO_2、MoO_3-$NiSO_4$-ZrO_2、NiO-WO_3-Al_2O_3、SnO_2-MoO_3-Al_2O_3-SiO_2、MoO_3-CoO-Al_2O_3-SiO_2、Ni-Y、Co-Y、赤泥、$Adkins$ 催化剂	FeS、SnS、ZnS、FeS-$ZnCl_2$、MoS_2-黏土、WS_2-HF、MoS_2-NiS-Al_2O_3、Fe_2O_3-MoO_3-S、赤泥-S、MoO_3-CoO-Al_2O_3-S	$ZnCl_2$、SiO_2、Cu_2Cl_2、$CuCl$、$FeCl_2$、$MoCl_5$-$ZnCl_2$、$CuCl$-$ZnCl_2$、$CrCl_3$-$ZnCl_2$、$SnCl_2$-Al_2O_3、SbF_5-SiO_2-Al_2O_3	Zn、Cd、Ga、In、Tl、Bi、Sn、Pb、K	$Sn(COO)_2$-NH_4Cl、$Cu(CH_3COO)_2$-$Ni(CH_3COO)_2$、$Fe(OH)_2$-S、Zn-Cr-Mn-S-HF-黏土、Sn-NH_4Cl-HCl、$(NH_4)_6Mo_7O_{24}$、$NiSO_4 \cdot xH_2O$、$Al_2(SO_4)_3 \cdot xH_2O$

5.2.1 金属的催化作用

以金属或其络合物作为催化剂研究煤及其相关模型化合物反应的报道较少。Ouchi 和 Makabe[7]研究了在稳定化的 Ni 存在下联苯和苄基苯基醚的反应。Takemura 和 Okada[33]研究了 Ni 对 C(daf)质量含量分别为 68.0 %、78.5 %、81.3 %和 83.5 %的 Morwell 褐煤、Wandoan 次烟煤、Akabira 和 Liddell 烟煤液化反应的催化活性。Kamiya 等[34]比较了多种催化剂对澳大利亚 Yallourn 褐煤加氢液化的催化活性,发现 Fe、$Fe(CO)_5$ 和 $Fe(C_5H_5)_2$ 对该褐煤加氢液化的活性很高。他们认为起催化作用的活性物种是 α-Fe。

Ueda 等使用担载 Ni、Fe 和 La 的 Y 型沸石及 $NiMo/Al_2O_3$ 和 $CoMo/Al_2O_3$ 催化剂在 400°C 和 5-7 MPa H_2 加压下研究了菲的反应[35]。他们发现担载 Ni 的 Y 型

沸石对菲的加氢裂解最有效,可以高收率地得到单环和二环芳烃,而担载在 Al_2O_3 上的 NiMo 和 CoMo 催化剂仅使菲加氢。Sato 等[36] 报道单环和二环芳香族化合物加氢后容易发生裂解反应。Girgis 和 Gates[37] 综述了担载在 Al_2O_3 上的 NiMo、CoMo 和 NiW 催化剂存在下的多环芳香族化合物的加氢和加氢裂解反应,但未提及以沸石作为担体的催化剂存在下的反应。Isoda 等[38] 研究了担载在 Y 型沸石上的 Ni 催化剂存在下芘的反应,他们认为芘的加氢和加氢裂解按图解 5-3 反应历程进行。

图解 5-3　芘的加氢和加氢裂解反应

即芘先加氢生成 1,2-二氢芘,继而转化成 3,4,5,8,9,10-六氢芘(HHP);由于担载 Ni 的 Y 型沸石具有酸性,HHP 不再进一步加氢生成 1,2,3,4,5,8,9,10-八氢芘和全氢芘,而是发生加氢裂解反应,生成苊、萘、茚及其烷基取代衍生物和二甲苯、THN 和甲基环己烷,进而裂解成更小的分子。

Wei 等[24] 比较了包括 Fe 及其络合物在内的一系列铁系化合物对 DNM 加氢裂解的催化活性,发现在 Fe 及其络合物中 Fe 的催化活性最高,而 $Fe(C_5H_5)_2$ 的催化活性最低。这一活性顺序与 Ogata 等报道的菲加氢的结果[8] 一致,但与 Kamiya 等报道的煤加氢液化的结果[34] 不同。其原因是 DNM 和菲在所用溶剂中完全可溶,而煤仅部分可溶;反应前部分金属络合物已渗入煤颗粒的微孔中,在反应过程中可以在煤颗粒的微孔中起到催化作用。

Ni 等[39] 分别考察了 Fe、Ni 和 Pd/C 催化的 DNM 的加氢和加氢裂解反应。如表 5-7 所示,所检测出的 DNM 的加氢产物为 20H-DNM(E,包括二(cis-十氢萘)甲烷、二(trans-十氢萘)甲烷和 cis-十氢萘-trans-十氢萘甲烷)、十氢萘四氢萘甲烷(F 和 G,包括 cis-十氢萘四氢萘甲烷和 trans-十氢萘四氢萘甲烷)、二(四氢萘)甲烷(H 和 I)和(四氢萘)萘甲烷(J 和 K)。

3 种催化剂分别存在下 DNM 反应的结果汇总于表 5-8。与前期报道的结果[24,40] 相似,在 Fe 存在下 DNM 主要发生加氢反应,但加氢裂解产物的选择率明显高于前期报道的结果,可能因氢压和所用溶剂不同所致。在 Ni 存在下,仅反应 1 h DNM 就完全转化,主要生成 E 和 G。E 的选择率随反应时间的延长而增加。Pd/C 在 150℃下仅催化 DNM 的加氢反应,生成 E、I、J 和 K。随反应时间的延长,DNM 的转化率几乎线性增加,但反应 2 h 后,产物的选择率没有明显的变化。

表 5-7　DNM 及其加氢产物的结构

代码	E	F	G	H	I	J	K	DNM
结构	(结构式)CH₂	(结构式)CH₂	(结构式)CH₂	(结构式)CH₂	(结构式)CH₂	(结构式)CH₂	(结构式)CH₂	(结构式)CH₂

　　值得注意的是从 Ni 和 Pd/C 催化的反应所得产物中都未发现萘和 1-MN 而检测出十氢萘基庚烷(DH)和甲基十氢萘基庚烷(MDH)。由于在 DNM 及其加氢产物中 H 和 I 的热稳定性较差[41],可以认为所生成的 DH 和 MDH 主要与 H 和 I 热解后与溶剂庚烷的反应有关。在所有的反应所得产物中,F、H 和 J 的选择率都分别低于 G、I 和 K,表明这些金属催化剂优先促进非取代位的加氢。

表 5-8　金属催化的 DNM 的加氢和加氢裂解

催化剂	温度/℃	时间/h	转化率/%	选择率/%(mol)											
				A	B	C	D	E	F	G	H	I	J	K	O
Fe	300	1	93.0	0.5	1.2	0.6	1.1	0	0	0	26.5	45.3	0.6	25.6	0.3
Fe	300	2	97.8	1.9	1.4	2.0	1.4	0	0	0	33.8	46.8	0.4	14.7	1.0
Fe	300	4	99.1	5.1	0.8	5.2	0.7	0	0	0	40.0	50.0	0	4.1	1.0
Ni	300	1	100	7.9	0	7.9	0	38.0	1.1	48.9	trace	4.1	0	0	0
Ni	300	2	100	15.5	0	15.5	0	55.1	1.5	27.5	0	1.5	0	0	0
Ni	300	4	100	15.5	0	15.5	0	67.6	1.4	15.4	0	0	0	0	0
Pd/C	150	1	12.1	0	0	0	0	0	0	0	0	18.0	82.0	0	0
Pd/C	150	2	24.7	0	0	0	0	7.7	0	0	1.7	26.1	64.5	0	0
Pd/C	150	4	33.4	0	0	0	0	8.5	0	0	1.7	25.0	64.8	0	0
Pd/C	300	1	99.4	13.7	0	13.7	0	7.1	2.2	43.9	3.4	29.8	0	0	0
Pd/C	300	2	100	15.7	0	15.7	0	31.7	8.1	37.0	1.1	6.5	0	0	0
Pd/C	300	4	100	16.8	0	16.8	0	76.5	5.6	1.3	0	0	0	0	0

　　A:对 Fe 催化的反应为 THN,对 Ni 和 Pd/C 催化的反应为 THN、DHN 和 DH;B:萘;C:对 Fe 催化的反应为 MTs,对 Ni 和 Pd/C 催化的反应为 MTs、甲基十氢萘和 MDH;D:1-MN;表 5-7 中已给出 E 至 K 的结构;O:其他产物。

　　在表 5-8 所示的反应条件下 H—H 键的断裂非常困难。金属催化剂主要起使 H—H 键和 DNM 及其加氢产物中芳环的 π 键松动的作用。因此,可以认为在这些反应的过程中金属催化剂主要促进向 DNM 及其加氢产物的双原子氢转移。

　　Wei 等[42]分别研究了 Fe 和 Ni 催化的 9,10-二苯蒽(9,10-DPA)的加氢反应。如表 5-9 所示,以 Fe 作为催化剂在 300℃下反应和以 Ni 作为催化剂在 150℃

下反应,主要产物都是 **D**,而以 Fe 作为催化剂在 250℃下反应,9,10 - DPA 主要转化为 **C**,表明 Ni 的加氢活性远大于 Fe,同时也说明两种催化剂都促进向 9,10 - DPA 非取代位的氢转移。值得注意的是,在 Ni 催化的反应中,10%以上的 9,10 - DPA 转化为 **E**,在以 Fe 作为催化剂在 300℃下的反应所得产物中也检测出 **E**。比较 S_r 值[43]可知,蒽的反应性比苯大得多。因此,**E** 的生成不可思议。

表 5-9　金属催化的 9,10 - DPA[a] 的加氢反应

催化剂	温度/℃	时间/h	转化率/%	选择率%(mol)						
				A	B	C	D	E	F	O
Fe[b]	300	1	100.0	痕量	0.9	3.2	93.1	1.7	0	1.1
Fe[c]	250	1	90.5	3.6	10.3	80.0	6.1	0	0	0
Fe[c]	250	2	91.8	3.6	11.0	78.9	6.5	0	0	0
Fe[c]	250	4	91.9	3.2	9.5	81.7	5.7	0	0	0
Ni[d]	150	2	96.3	0	0	0	79.1	13.1	2.9	4.9
Ni[d]	150	3	100.0	0	0	0	79.0	14.1	1.9	1.9
Ni[d]	150	4	100.0	0	0	0	76.3	14.2	5.9	3.6

　　a. 9,10 - DPA 0.1 mmol,DHN5 mL,H₂初压 5 MPa;b. 56.2 mg;c. 28.7 mg;d. 30.4 mg。

　　A:*cis*,9,10 -二氢-9,10 -二苯蒽,**B**:*trans*-9,10 -二氢-9,10 -二苯蒽;**C**:1,2,3,4 -四氢-9,10 -二苯蒽;**D**:1,2,3,4,5,6,7,8 -八氢-9,10 -二苯蒽;**E**:9,10 -二环己基蒽;**F**:1,2,3,4,9,10,11,12 -八氢-9 -环己基-10 -苯蒽;**O**:其他产物。

　　以 Ni 作为催化剂在 150℃下反应 2 h,9,10 - DPA 完全转化,而以 Fe 作为催化剂在 250℃下反应 2 h 后,9,10 - DPA 仍未完全转化,且其转化率几乎不随反应时间而变,表明以 Fe 作为催化剂在 250℃下反应时存在加氢-脱氢的平衡。

　　在 Fe 催化的反应所得产物中检测出 9,10 - DPA 的 *cis* 和 *trans* -两种二氢异构体,由此可知氢原子既可以转移到 9,10 - DPA 中蒽环的同侧,也可以转移到异侧。由于 H₂ 中两个氢原子之间的距离远小于 9,10 - DPA 中 9 -和 10 -位两个碳原子之间的距离,两个氢原子同时转移到 9,10 - DPA 的 9,10 -位极其困难。据此推测,所生成的 **A** 和 **B** 可能由 9,10 - DPA 的其他加氢产物分子内的氢转移或分子间的氢转移所致。

5.2.2　金属氧化物的催化作用

　　金属氧化物种类繁多,用于煤液化和煤相关模型化合物反应研究的金属氧化物中的金属元素包括 Fe、Ni、Co、Mo、Al、Mg、Zn 和 Zr 等,其中由于价廉易得,Fe 的氧化物最常用。

　　Tanabe 等[44]考察了在 400℃下 Fe_2O_3 催化的日本北海道赤平烟煤的加氢裂解反应,发现在催化剂中导入少量 SO_4^{2-} 可以增加催化剂的活性,可以促进煤加氢

裂解成树脂、强极性化合物和沥青烯。

Ogata 等[45]在 CO 加压下和烃类溶剂中对用 $Fe(OH)(OCOCH_3)_2$ 在 500℃下煅烧所得 $\alpha\text{-}Fe_2O_3$ 和铁矿石进行了预处理,发现预处理后的 $\alpha\text{-}Fe_2O_3$ 和铁矿石对澳大利亚 Yallourn 褐煤的加氢液化和菲的加氢反应具有很高的活性。

Matsuhashi 等[46]系统地研究了多种含 Fe 的二元金属氧化物对 BPE 和 DPE 加氢裂解的催化活性。他们的结果表明,在所用二元金属氧化物中 $Fe_2O_3\text{-}ZnO$、$Fe_2O_3\text{-}ZrO$ 和 $Fe_2O_3\text{-}MgO$ 具有较高的催化活性和选择性。他们认为:催化剂的加氢能力是促进醚类加氢裂解的重要性质;催化剂的酸性部位不参与加氢裂解而导致反应物的缩合和重排。

5.2.3 金属硫化物的催化作用

金属硫化物是被较广泛研究的煤液化用的催化剂,其中由于价廉易得且对煤液化具有较高的活性,铁-硫系催化剂受到煤液化研究者的高度重视,特别是对 FeS_2 催化作用,许多研究者给予了很大的关注。

Hirano 等[47]研究了含铁化合物对煤液化反应的催化活性。他们认为 H_2S 的存在有助于氢转移反应的进行并可防止催化剂的氧化失活,因而在 H_2S 的存在下催化剂可以促进煤的加氢和加氢裂解;对铁系催化剂的活化而言,S/Fe 原子比以 2 为宜;微粉黄铁矿和合成 $\alpha\text{-}FeOOH$ 对煤液化都具有高活性,但前者因价廉且无需添加 S,适于工业应用。

传统的观点认为,铁-硫体系特别是 FeS_2 之所以催化加氢裂解反应是因为其分解时产生 $Fe_{1-x}S$,$Fe_{1-x}S$ 为催化剂的活性点,H_2S 本身也促进加氢裂解反应[48~51]。但传统的观点未从根本上触及下述问题:硫化铁和 H_2S 怎样促使键能较大的 C-C 键,如 DPM 中的 $C_芳\text{-}C_烷$ 键的断裂?回答这一问题,对阐明硫化铁和 H_2S 在加氢裂解中的催化作用机理十分重要。

Wei 等[5,19]探讨了在 DHN 溶剂中和 400℃下 H_2 压力、S 和 FeS_2 对 DPM 加氢裂解的影响,实验结果列于表 5-10 中。在 H_2 和 FeS_2 共存的情况下,DPM 的反应主要通过 $C_芳\text{-}C_烷$ 键的断裂进行,生成苯和甲苯。当 H_2 和 FeS_2 二者缺一时,DPM 不反应。在 FeS_2 存在下,DPM 的转化率随 H_2 压力的增加而增加。这些结果表明,H_2 和 FeS_2 对 DPM 的加氢裂解十分重要。

DPM 的热稳定性很大。Futamura 等的研究结果[21]表明,在 THN 中和加压 H_2 存在下即使加热至 430℃ DPM 也不分解。DPM 难于热分解的原因应与 Ph· 的不稳定性有关。如反应式 5.6 所示,在 DPM 中连接苯环和亚甲基的 C-C 键即 $C_芳\text{-}C_烷$ 键直接断裂时,生成 Ph· 和 PhCH₂·:

$$PhCH_2Ph \longrightarrow Ph\cdot + Ph\dot{C}H_2 \qquad\qquad (式\ 5.6)$$

由于 Ph· 极不稳定,上述反应难于进行。

表 5-10　H₂压力、S 和 FeS₂对 DPM 加氢裂解的影响ᵃ

H₂初压/MPa	S/g	FeS₂/g	DPM 转化率/%	产物选择率/%(mol)		
				苯	甲苯	BCH
0	0.05	0.5	0	—	—	—
5.0	0.05	0.5	37.8	99.2	99.2	0.8
10.0	0.05	0.5	59.1	98.0	97.2	2.4
10.0	0	0	0			
10.0	0.05	0	0			
10.0	0.50	0	0			
10.0	0	0.5	53.0	99.5	99.5	0.5
10.0	0.20	0.5	71.1	99.1	99.1	0.9
10.0	0.80	0.5	74.8	99.1	99.0	0.9

a. DPM 7.5 mmol,DHN 30 mL,初压(H₂+ N₂)10 MPa,400℃,1 h;BCH:苄基环己烷。

FeS₂已被报道在其分解成 $Fe_{1-x}S$ 时促进诸如 H· 和 HS· 游离基中间体的生成[4,8]。氢原子在 DPM 的取代位的附加是 $C_芳$-$C_烷$键断裂的必要步骤,这是因为由氢原子的附加引发的 $C_芳$-$C_烷$键的断裂生成苯和 $Ph\dot{C}H_2$而不生成不稳定的 Ph· :

$$\text{(式 5.7)}$$

表 5-9 所示的结果还表明在不使用 FeS₂时,S 的添加并不引起 DPM 的加氢裂解,而在 H₂和 FeS₂共存的情况下,DPM 的转化率随 S 的添加量的增加而增加。

Stenberg 等[52]研究了在 450℃下 H₂S 和 $Fe_{1-x}S$ 对 DPM 加氢裂解的作用。他们的结果表明即使不使用催化剂,DPM 的转化率也随 H₂S 压力的增加而增加。在 Wei 等的研究[5,19]和 Stenberg 等[52]的研究之间,H₂S 作用的差别可以归因于反应温度的不同。在高达 450℃的温度下,H₂S 中的 H—S 键可能受热断裂,直接生成 H· 和 HS· ;且在如此高温下来自反应器内壁的铁也可能参与反应。仅使用 H₂S 已经被发现不足以催化喹啉和萘的加氢[53]。在不使用催化剂时,在 400℃下使 H₂S 分解成 H· 和 HS· 是非常困难的,因为 H₂S 中 H—S 键的键能很大(389 kJ·mol⁻¹)[54]。

Ogawa 等[55]研究了 H₂S、$Fe_{1-x}S$ 和 FeS₂对 DPM 加氢裂解的作用。他们的结果表明在 H₂压力下,FeS₂对煤液化的促进作用优于 $Fe_{1-x}S$,且由 $Fe_{1-x}S$ 形成的 FeS₂的量随 H₂S 压力的增加而增加。由于在 300℃以上可以迅速分解成 $Fe_{1-x}S$,而 S 与 H₂生成 H₂S 的反应可以在更低的温度下进行,当存在 FeS₂时 S 的促进作用可以归因于 Ogawa 等[55]观察的事实,即增加 H_2S 压力有利于 FeS_2 的再生。

值得注意的是,同样在 DHN 中、N_2 加压及 FeS_2 和 S 存在的条件下,DNM 在 300℃下加热 1 h 转化 1.4%(见表 5-4),而 DPM 即使在 400℃下加热也不反应(见表 5-10)。这一事实说明在 FeS_2 和 S 存在的条件下由 DHN 向 DNM 的氢转移比向 DPM 的氢转移容易得多,即 DPM 与 DNM 的加氢裂解反应性存在着很大的差别,造成这一差别的原因可归结于三点:(1)根据 Ouchi 等的实验结果[7],就在催化剂表面的吸附强度而言,DNM 中的萘环大于 DPM 中的苯环;(2)根据表 3-17 所示的 S_r 值的差别,就受氢能力而言,DNM 中的萘环大于 DPM 中的苯环;(3)根据表 3-20 所示的 RE 值的差别,就离去基团的稳定性而言,DNM 加氢裂解后生成的 1-Np$\dot{C}H_2$ 大于 DPM 加氢裂解后生成的 Ph$\dot{C}H_2$。

表 5-11[19]探讨了添加 S 对 Fe 催化的 DPM 反应的影响。与 FeS_2 催化的反应完全不同,在无 S 的情况下,Fe 主要催化 DPM 的加氢反应。在 300℃、无 S 的情况下,Fe 不能使 DPM 裂解。即使在 400℃,主要生成诸如 BCH 和二(环己基)甲烷(DCHM)等加氢产物而不是加氢裂解产物。但在反应体系中添加 S 抑制 DPM 的加氢。DPM 分解成苯和甲苯的转化率随 S 的添加量的增加而增加。

表 5-11 添加 S 对 Fe 催化的 DPM 反应的影响[a]

温度/℃	S/Fe mol/mol	DPM 转化率/%	产物选择率/%(mol)					
			环己烷	苯	MCH	甲苯	BCH	BCHM
300	0[b]	58.4	0	0	0	0	86.6	13.4
300	0.5[b]	0	—	—	—	—	—	—
300	1.0[b]	0.8	0	100	0	99.5	0	0
300	2.0[b]	3.5	0	100	0	99.6	0	0
300	4.0[b]	6.4	0	99.7	8.7	99.5	0	0
400	0[c]	79.3	2.9	0	0	0	50.7	37.4
400	0.5[c]	1.0	0	99.9	0	99.6	0	0
400	1.0[c]	2.9	0	100	0	99.5	0	0
400	2.0[c]	4.9	0	99.9	0	99.9	0	0
400	4.0[c]	9.2	0	99.9	0	99.5	0	0

a. DPM 7.5 mmol,DHN 30 mL,H_2 初压 10 MPa,1 h;b. Fe 0.23 g;c. Fe 0.02 g;MCH:甲基环己烷。

Fe 与 FeS_2 对 DNM 反应的催化作用也大相径庭[40]。如图 5-1 所示,同样以 DHN 作为溶剂在 300℃和 H_2 初压为 10 MPa 的条件下反应 1 h,以 Fe 作为催化剂时 DNM 完全转化,主要产物为两种二(四氢萘)甲烷,仅检测出极少量的 THN 和 5 - MT,而以 FeS_2 作为催化剂时 DNM 的转化率达 91.7%,主要产物为萘和 1-MN,仅检测出很少量的 8H-DNM 和极少量的 4H-DNM。如反应式 5.1 至 5.3

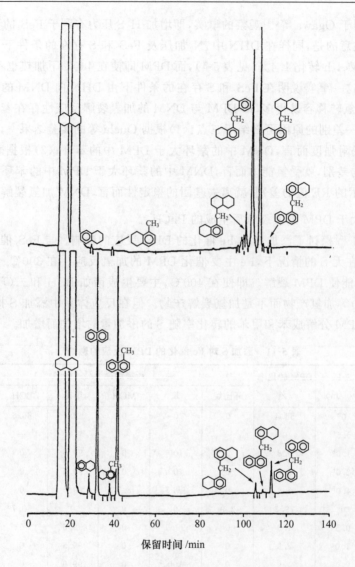

图 5-1　Fe 催化的(上图)和 FeS₂ 催化的(下图)DNM 反应混合物的气相色谱

DNM 7.5 mmol,催化剂 4.2 mmol 或 4.2 mg-atom(以 FeS₂ 作催化剂时

另加 S 1.6 mg-atom),DHN 30 mL

和图解 5-4 所示,FeS₂ 能够催化 DNM 加氢裂解的根本原因就是该催化剂在受热分解过程中能与 H₂ 反应产生 H·,H· 附加在 DNM 中萘环的取代位上是 DNM 裂解的关键步骤。

S 原子的存在与否是 Fe 与 FeS₂ 的根本区别。基于此考虑,Wei 等[40] 考察了以 Fe 作为催化剂前体时 S 的添加量对 DNM 反应的影响。如图 5-2 所示,随着 S

的添加量的增加,DNM 的转化率急剧减小,直至 S/Fe 原子比＝0.04,尔后增加,但 H-DNMs 的选择率单调减小。这些结果清楚地表明添加 S 抑制 DNM 中芳环的加氢而促进 DNM 中桥键的断裂。Kamiya 等[34]在考察澳大利亚褐煤加氢液化时发现,增大 S/Fe 原子比可以明显减少残煤(THF 不溶物)的量。其原因可能是促进了残煤有机质中连接芳环的桥键的断裂。

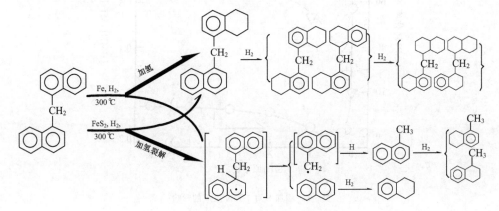

图解 5-4　Fe 催化的和 FeS$_2$催化的 DNM 的反应

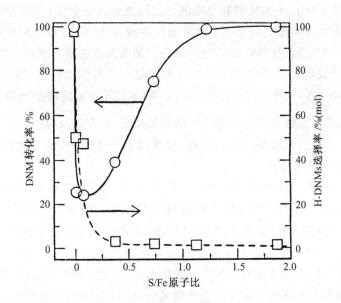

图 5-2　添加·S 对 DNM 反应的影响

DNM 7.5 mmol,Fe 4.2 mg-atom,S 1.6 mg-atom,DHN 30 mL,H$_2$初压 10 MPa,300℃,1 h

进一步的研究[40]考察了以 Fe 作为催化剂前体时 S 的添加量对 1-MN 反应的

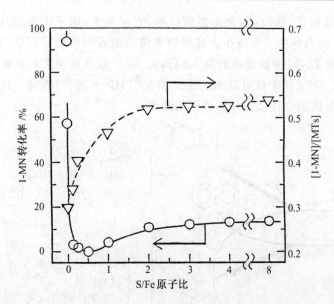

图 5-3　添加 S 对 1-MN 反应的影响

1-MN 15 mmol, Fe 4.2 mg-atom, DHN 30 mL, H₂ 初压 10 MPa, 300℃, 1 h

影响。如图 5-3 所示, 1-MN 的转化率随 S 的添加量的变化与 DNM 转化率的变化（见图 5-2）呈大致类似的趋势。1-MN 加氢生成两种产物, 即 1-MT·和 5-MT。在 MTs 中 1-MT 所占比例（[1-MT]/[MTs]）随 S 的添加量的增加而增大, 即增大 S 的添加量导致向 1-MN 中含甲基的一侧加氢。值得注意的是, 当 S/Fe 原子比 ＝ 2 时, 1-MN 的转化率和[1-MT]/[MTs] 随 S 的添加量的增加增幅很小。由于·CH₃ 的共振稳定性远小于 1－NpĊH₂ 的共振稳定性, 在该反应条件下 1-MN 的脱甲基反应没有发生（见图解 5-5）。因此, 很难判定 1-MT 的生成是否由 H·优先向 1-MN 取代位的转移所致。

图 5-4[56] 和表 5-12[24] 分别表示 300℃ 和 430℃ 下 H₂ 初压对 DNM 反应的影响。在两种情况下 DNM 的转化率都随 H₂ 初压的增大而增大。即使在无 H₂ 的条件下, DNM 也发生反应, 表明 FeS₂ 可以促进由溶剂向 DNM 的氢转移, 但 DNM 的转化率很低（300℃ 下反应 1 h 为 1.4％, 430℃ 下反应 1 h 为 4.8％）。同样在 430℃ 下反应 1 h, 无催化剂时 DNM 仅转化 1.6％。在 300℃ 下反应, 随 H₂ 初压的增大, 加氢裂解产物萘和 1-MN 的选择率减小, 而 H-DNMs 的选择率增大, 但小于 3％, 说明尽管增大 H₂ 初压增加 DNM 中芳环加氢的可能性, 但 FeS₂ 仍主要催化 DNM 的加氢裂解而非加氢。DNM 加氢裂解后的加氢产物 THN 和 MTs 的选择率也随 H₂ 初压的增大而增大。在 430℃ 下反应, 随 H₂ 初压的增大, 1-MN 的选择

率减小，相应地，MTs 的选择率增大；FeS$_2$ 存在下 DNM 加氢产物的总选择率为 10% 左右。因使用 THN 作为溶剂，由 DNM 反应产生的萘和 THN 的选择率无法定量。

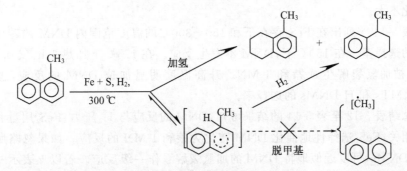

图解 5-5　1-MN 的加氢反应

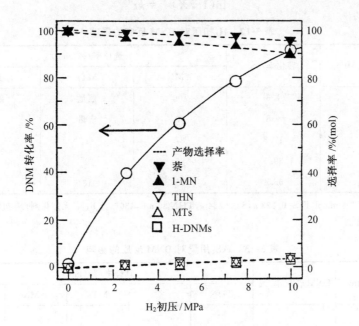

图 5-4　H$_2$ 初压对 FeS$_2$ 催化的 DNM 反应的影响

DNM 7.5 mmol，FeS$_2$ 4.2 mmol，DHN 30 mL，H$_2$＋N$_2$ 初压 10 MPa，300℃，1 h

　　增大 H$_2$ 初压被报道对澳大利亚 Yallourn 褐煤的加氢液化也起明显的促进作用[34]。Makabe 等[57]认为增大 H$_2$ 压力可以防止煤液化过程中芳环的缩合反应、抑制气体产物的生成并促进煤中有机质的脱氧和芳环加氢。

　　FeS_2用量也在很大程度上影响 DNM 的加氢裂解。如表 5-13[56] 所示,在 300℃和既无 FeS_2也无 S 的情况下,DNM 不发生反应。仅添加 S 对 DNM 加氢裂解的催化作用很小。DNM 的转化率随 FeS_2用量的增加明显增大,但产物的选择率变化不大。

　　表 5-14[56] 列出在 FeS_2存在下和 150～300℃的温度范围内 DNM 的转化率和产物的选择率。在 150℃下,DNM 不发生反应。在 175℃下加热 1 h,仅 0.3% 的 DNM 被加氢裂解生成萘和 1-MN。升高温度明显加速 DNM 的反应,也增大 THN、MTs 和 H-DNMs 的选择率。

　　总结表 5-12 至表 5-14 的结果可知,DNM 的反应与 H_2压力、FeS_2用量和温度密切相关,FeS_2选择性地催化 DNM 转化为萘和 1-MN 的反应。如果忽略所生成的 H-DNMs,可以近似地将 DNM 的加氢裂解看作一级反应。若以 k 表示一级反应速度常数,则 DNM 的转化率 X 与反应时间 t 的关系可用下式表达:

$$\ln(1-X)^{-1}=kt$$

表 5-12　H_2初压对 DNM 反应的影响[a]

H_2初压/MPa	转化率/%	选择率/%(mol)		
		1-MN	MTs	H-DNMs
0[b]	1.6	100	痕量	痕量
0[c]	4.8	90	痕量	10
2	17.8	87	1	12
6	39.5	87	2	11
10	65.4	79	13	8

　　a. DNM 7.5 mmol,FeS_2 0.223 g,S 0.0384 g,THN 30 mL,430℃,1 h;b. 无催化剂,N_2初压 10 MPa;c. N_2初压 10 MPa。

表 5-13　FeS_2用量对 DNM 反应的影响[a]

FeS_2用量/mg	DNM 转化率/%	选择率/%(mol)				
		THN	萘	MTs	1-MN	H-DNMs
0[b]	0	—	—	—	—	—
0	0.7	—	80.6	0	100	痕量
125	37.1	2.1	98.7	1.9	94.5	2.1
250	53.3	2.8	99.4	2.5	90.7	2.3
375	89.0	2.2	99.9	2.2	92.5	1.5
500	91.7	4.3	95.7	3.6	89.0	2.9

　　a. DNM 7.5 mmol,DHN 30 mL,S 0.05 g,H_2初压 10 MPa,300℃,1 h;b. 无 S。

表 5-14 温度对 DNM 反应的影响[a]

温度/℃	转化率/%	选择率/%(mol)				
		THN	萘	MTs	1-MN	H-DNMs
150	0	—	—	—	—	—
175	0.3	0	100	0	100	0
200	9.7	痕量	98.6	痕量	98.4	1.5
225	22.6	1.6	99.4	0.5	94.6	1.7
250	44.5	3.9	94.2	1.8	95.0	1.9
300	91.7	4.3	95.7	3.6	89.0	2.9

a. DNM 7.5 mmol,DHN 30 mL,FeS$_2$ 0.5g,S 0.05g,H$_2$初压 10 MPa,1 h。

表 5-15[56]给出在 200～300℃的温度范围内不同反应时间对应的 DNM 的转化率。根据该表中的数据和上述动力学方程式绘制的 DNM 反应的动力学曲线示于图 5-5。ln$(1-X)^{-1}$ 与 t 之间良好的线性关系说明将 DNM 的加氢裂解考虑为一级反应是合适的。

由图 5-5 中各直线的斜率得到的不同温度下的反应速度常数列于表 5-16 中。从根据表 5-16 中的数据绘制的 Arrhenius 图(图 5-6)可以看出,反应温度 T(绝对温度)的倒数与 ln$k$ 之间也呈良好的线性关系。由该直线的斜率计算的在 200～300℃的温度范围内 FeS$_2$催化的 DNM 加氢裂解反应的活化能和频率因子分别为 79.5 kJ·mol^{-1} 和 5.3×10^7 h^{-1}。该活化能与 Farcasiu 和 Smith 报道的碳黑 (Black Pearls 2000)催化的 NBBM 中萘环与亚甲基之间桥键断裂的活化能[58]相同。由于所用反应物和反应条件不同,很难比较 FeS$_2$ 与碳黑对催化 C$_{芳}$-C$_{烷}$键断裂的活性与选择性。

表 5-15 DNM 的转化率随反应温度和时间的变化[a]

温度/℃	转化率/%								
	0.5 h	1.0 h	1.5 h	2.0 h	2.5 h	3.0 h	5.0 h	6.0 h	8.0 h	10.0 h
200	—	9.7	—	—	—	21.9	—	39.5		
225	—	22.6	—	—	—	59.5	—	78.5		
250	—	44.5	—	64.0	—	80.0	92.2	—	98.3	—
300	70.1	91.7	97.1	—	99.6	—	—			

a. DNM 7.5 mmol,DHN 30 mL,FeS$_2$ 0.5g,S 0.05g,H$_2$初压 10 MPa。

表 5-16 DNM 加氢裂解反应速度常数

温度/℃	$k×10^2$/h^{-1}	温度/℃	$k×10^2$/h^{-1}
200	8.1	250	53.0
225	24.1	300	280.0

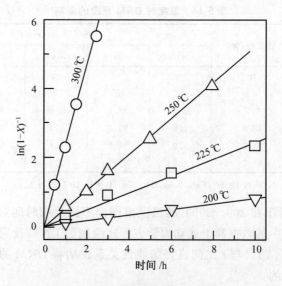

图 5-5　DNM 加氢裂解的动力学曲线

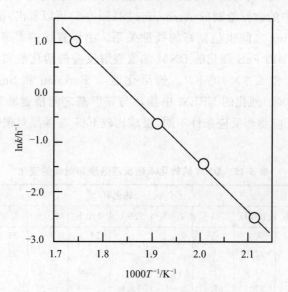

图 5-6　DNM 加氢裂解的 Arrhenius 图

Wei 等[42]还分别以 Fe、Ni 和 Pd/C 作为催化剂前体考察了添加 S 对 DNM 反应的影响。如表 5-17 所示,与金属催化的反应(表 5-8)大不相同,分别以 Fe 和 Ni 作为催化剂前体时 DNM 主要发生加氢裂解反应。B 和 D 是主要产物,表明 DNM 主要被直接加氢裂解而不是通过芳环加氢以后分解。由于未使用强酸性催化剂,该反应只能经由图解 5-6 所示的历程进行,即向 DNM 取代位的单原子氢转移对 DNM 的加氢裂解起决定性的作用。

图解 5-6　Fe-S 或 Ni-S 存在下 DNM 的加氢裂解反应

　　与表 5-8 所示的金属催化的反应不同,在 Fe-S 或 Ni-S 存在下 J 的选择率一般大于 K。在 Ni-S 存在下所得反应产物中作为二(四氢萘)甲烷仅检测出 H。这些事实表明,分别以 Fe 和 Ni 作为催化剂前体时添加 S 导致氢原子优先向 DNM 和 K 的取代位转移。

　　从表 5-17 中所示的数据还可以看出,除在 150℃ 下 Pd/C-S 催化的反应外,萘的选择率都大于 1-MN。萘与 1-MN 选择率的差别可归因于二者加氢反应性的差别[59]。

　　比较表 5-8 和表 5-17 所示的结果可知,对在 150℃ 下以 Pd/C 作为催化剂前体的反应而言,添加 S 严重地抑制了 DNM 的转化。形成更鲜明对比的是无 S 情况下 DNM 仅发生加氢反应,加 S 情况下 DNM 被定量地加氢裂解成萘和 1-MN。对在 300℃ 下以 Pd/C 作为催化剂前体的反应而言,加 S 也抑制 DNM 的加氢而促进 DNM 的加氢裂解。在 300℃ 和加 S 情况下反应 2 h 后 DNM 的转化率不再变化,但 J 和 K 的选择率分别从 0.6% 和 4.2% 降至 0%,表明 J 和 K 同时发生了加氢和脱氢反应。

　　另人费解的是,在 300℃ 和 Pd/C-S 存在下 DNM 反应所得加氢产物的总选择率远大于 Fe-S 或 Ni-S 存在下 DNM 反应所得加氢产物的总选择率。更不可思议的是,对 Pd/C-S 存在下的反应而言,升高温度反而减小 DNM 加氢裂解产物的总选择率。揭示担体碳的催化作用及 Pd、担体碳与硫之间的相互作用应该有助于解开此谜。

　　Hall 等[60] 比较了几种金属硫化物的催化活性。他们的结果表明:对 DPM 的加氢裂解而言,硫化钴的催化活性大于硫化镍;在冷湖残渣加氢处理过程中,对抑制结焦而言,硫化钴比硫化铁更有效。

　　比较表 4-15 与表 5-18 [61] 所示的数据可知,FeS$_2$ 也加速 DPP 的分解反应。在 FeS$_2$ 存在下 DPP 的分解速度约为仅在 H$_2$ 加压下的 2 倍(如在 FeS$_2$ 存在下反应 1 h

和 2 h 后 DPP 的转化率分别为 69.7% 和 86.2%,而仅在 H_2 存在下反应 2 h 和 4 h 后 DPP 的转化率分别为 70.7% 和 86.8%)。表 5-18 的结果还表明,FeS_2 加速了 DPP 中 $C_{芳}$-$C_{烷}$ 键的断裂。更值得注意的是 FeS_2 彻底地抑制了 PEDs 的生成。相应地,苯乙烯基本上被还原成乙苯。

表 5-17　在金属和 S 存在下 DNM 的加氢和加氢裂解反应

催化剂	温度/℃	时间/h	转化率/%	选择率/%(mol)										
				A	B	C	D	F	G	H	I	J	K	O
Fe	300	1	91.6	4.7	90.7	19.0	76.4	0	0	0	0	3.0	1.2	0.4
Fe	300	2	100	8.3	89.5	22.3	75.5	0	0	0	0	1.0	0	1.2
Fe	300	4	100	13.0	85.7	26.7	72.0	0	0	0	0	0.7	0	0.6
Ni	250	1	66.1	5.5	80.0	12.5	73.0	0	0	0	0	6.3	8.2	0
Ni	250	2	90.7	11.9	76.2	24.2	63.7	0	0	3.1	0	5.4	3.5	Tr.
Ni	250	4	94.2	13.0	74.8	25.2	61.2	0	0	3.3	0	5.4	4.2	Tr.
Ni	300	1	95.4	15.9	73.8	28.1	61.5	0	0	3.0	0	3.2	1.1	3.1
Ni	300	2	97.2	20.9	70.8	29.2	62.7	0	0	3.8	0	1.3	0	3.1
Ni	300	4	98.5	30.9	65.4	40.3	54.4	0	0	3.3	0	0	0	1.2
Pd/C	150	1	1.4	0	100	0	100	0	0	0	0	0	0	0
Pd/C	150	2	2.0	0	100	0	100	0	0	0	0	0	0	0
Pd/C	150	4	2.8	0	100	0	100	0	0	0	0	0	0	0
Pd/C	300	1	91.9	9.1	14.0	13.9	9.2	Tr.	1.3	24.8	31.4	2.2	17.2	
Pd/C	300	2	97.3	25.1	16.5	31.3	10.3	1.1	1.8	26.3	24.5	0.6	4.2	
Pd/C	300	4	97.3	42.5	13.8	56.3	0	1.3	2.2	22.7	17.5	0	0	

$A、B、C$ 和 D 分别表示 THN,萘、MTs 和 1-MN. F 至 O 所表示的化合物与表 5-7 中的注释相同。

表 5-18　催化剂对 DPP 分解的影响[a]

催化剂	时间/h	转化率/%	选择率/%(mol)							
			苯	甲苯	乙苯	苯乙烯	丙苯	CHPP	BCHP	PEDs
FeS_2^{b}	1	69.7	8.7	87.6	87.2	2.6	6.5	3.7	0	0
FeS_2^{b}	2	86.2	9.9	86.8	86.5	1.9	8.3	3.3	0	0
FeS_2^{b}	3	93.2	10.7	86.6	86.1	1.5	8.9	3.1	0	0
FeS_2^{b}	4	96.4	11.4	85.6	85.6	1.3	10.1	3.0	0	0
Fe^{c}	1	40.0	6.6	63.4	56.2	0	6.5	21.5	5.3	13.8
Fe^{c}	2	65.9	10.7	53.9	48.8	0	10.5	21.7	8.5	15.8

a. DPP 7.5 mmol,DHN 30 mL,H_2 初压 10 MPa,400℃。

b. FeS_2 0.5 g,S 0.05 g,H_2 初压 10 MPa。

c. Fe 0.02 g,H_2 初压 10 MPa;CHPP:1-环己基-3-苯丙烷;DCHP:1,3-二环己基丙烷。

Stock 等[62]研究了有机硫化物对 DPP 分解的影响。他们发现诸如 BPS 等热稳定性差的有机硫化合物分解时产生的芳硫基或烷硫基游离基可以夺取 DPP 的 α-亚甲基上的氢原子,从而促进 DPP 的热分解。由于 FeS_2 分解时也产生包括硫游离基在内的活性游离基[12,17,19,24],可以认为 FeS_2 对于 DPP 的分解具有与热稳定性差的有机硫化合物相似的促进作用。

在 Fe 存在下,DPP 分解生成的苯乙烯完全转化,且生成较多的 DPP 的加氢产物。但与表 4-15 所示的仅在 H_2 加压下的反应相比,DPP 的转化率降低,表明 Fe 抑制了 DPP 的分解。即 Fe 与 FeS_2 不仅对诸如 DPM 和 DNM 等二芳基甲烷反应的催化作用完全不同,对 DPP 反应的作用机理也大相径庭。

添加 S 对 9,10-DPA 的加氢也有很大的影响。比较表 5-9 和表 5-19[42] 的数据可知,添加 S 不仅显著地抑制了 9,10-DPA 的加氢,所得产物的组成也与不加 S 时大不相同。无论以 Fe 还是以 Ni 作为催化剂前体,B 都是主要产物。Fe 和 Ni 很容易与 S 发生热反应生成相应的硫化物,按 Thomas 等[13]提出历程所生成的硫化物与 H_2 反应可以生成 H·。H· 应该优先附加在 9,10-DPA 中受氢能力强的 9,10-位。两个 H· 如果同时从 9,10-DPA 中蒽环的同侧分别附加在 9,10-DPA 的 9-位和 10-位,则生成 A,但这种几率不大;如果依次从 9,10-DPA 中蒽环的同侧进攻 9,10-DPA 的 9-位和 10-位,后进攻的 H· 有可能夺取已附加在 9,10-DPA 的 9-位上的 H·,生成 H_2。因此,A 的选择率较小。两个 H· 如果从 9,10-DPA 中蒽环的两侧分别附加在 9,10-DPA 的 9-位和 10-位,无论是同时进攻还是依次进攻,都不会发生生成 H_2 的反应。

表 5-19 在金属和 S 存在下 9,10-DPA 的加氢反应[a]

催化剂	S 用量/mg	时间/h	转化率/%	选择率/%(mol)		
				A	B	C
Fe[b]	33.3	1	1.1	痕量	100.0	痕量
Fe[b]	33.3	2	2.1	14.2	81.0	4.8
Fe[b]	33.3	4	4.2	19.0	71.4	9.5
Ni[c]	32.0	1	28.3	3.3	91.5	5.2

a. 9,10-DPA 0.1 mmol,DHN 5 mL,H_2 初压 5 MPa,200℃;b. 28.7 mg;c. 29.3 mg。

A、B 和 C 所表示的化合物见表 5-9。

在以 FeS_2 作为起始催化剂考察煤相关模型化合物的反应和煤液化反应的研究中,由于反应后对回收的催化剂检测时发现催化剂基本以 $Fe_{1-x}S$ 的形态存在,许多研究者[34,50],认为在反应过程中 $Fe_{1-x}S$ 是起催化作用的活性物种。需要指出的是,因为所处环境(温度和 H_2S 分压等)大不相同,回收后的催化剂的形态不能代表反应过程中的催化剂的形态。正如 Montano 等[15]所述,不能指望加入 $Fe_{1-x}S$ 会显著促进低硫煤转化成沥青烯和油。Wei 等的研究结果也表明,$Fe_{1-x}S$ 对

DNM 加氢裂解的活性很低[24]。这是因为在缺 S 情况下 $Fe_{1-x}S$ 不能转化为 FeS_2，因而难以有效地产生促进加氢裂解反应的 H·。

Barbier 等[63]综述了 S 对催化加氢反应的作用后指出，金属催化剂的硫化导致在催化剂上氢吸附量的减少和氢结合能的减小。因此，随 S 的添加诸如二芳基甲烷等模型化合物的加氢反应性减小应该与在催化剂上氢吸附量的减少有关，而加氢裂解反应性增大应该归因于氢结合能的减小。

5.2.4　酸性催化剂的催化作用

传统的煤液化需要在较高的温度和氢压下进行，致使设备投资和操作成本居高难下。作为温和条件下使煤液化的方法，酸催化的煤解聚反应已被广泛研究[64~70]。

金属卤化物、硫酸盐和 HBF_4 是常用于煤液化的酸性催化剂，其中 HBF_4 实际上由 HF 和 BF_3 组成，属于超强酸催化剂。

Butler 和 Snelson 的研究结果[71]表明，诸如 $AlCl_3$ 和 $ZnCl_2$ 等属路易斯酸的金属卤化物可以促进煤液化和煤的溶解。Salim 和 Bell[72]系统地研究了路易斯酸催化剂 $ZnCl_2$ 和 $AlCl_3$ 对萘及其衍生物的加氢和裂解反应的影响。他们发现，与萘相比，甲基萘和萘酚的加氢和裂解反应性大得多；在 $AlCl_3$ 存在下，芳环缩合释放的氢可以作为反应的主要氢源。

Olah 等[73~75]使用 HBF_4 在温和条件下催化煤的解聚反应。他们的结果表明，在加压 H_2 存在下加热至 105℃反应 4 h，可使所用煤中约 90％的有机质溶于吡啶；若加热至 150~170℃，可使所用煤中有机质在环己烷中的萃取率高达 22％。吡啶可以溶解分子量较大的含芳环成分，而环己烷可以选择性地溶解脂肪烃。Olah 等[76]还报道，在 H_2 和 HBF_4 存在下，通过热反应诸如联苯、DPM、联苄、DPE、DBE、DPS、二苯基硫醚、BPS 和苄基苯基硫等模型化合物中的桥键可以选择性地断裂，几乎定量地生成相应的分解产物。但他们未报道用该超强酸处理煤所得产物的分析结果。

Strausz 等[77]研究了 HBF_4 催化的 Alberta 重油的加氢裂解反应，他们认为使用 HBF_4 用于解聚反应有以下优点：

（1）反应按离子反应机理进行，完全不同于传统的热分解或催化分解反应，可望得到附加值较高的产物；

（2）比传统的加氢裂解反应所需的反应温度和氢压低得多；

（3）因 HBF_4 呈气体状态，不存在固体催化剂常见的因中毒和积碳而失活的现象；

（4）HBF_4 容易通过蒸馏与产物分离并可循环使用；

(5) HBF$_4$ 没有氧化性，不会导致氧化降解反应；

(6) HBF$_4$ 中的 F 原子不会与反应产物结合。

但 HBF$_4$ 本身毒性和腐蚀性较大，且易挥发，将该催化剂用于煤液化要求整套设备的耐腐蚀性强且密闭性好。

5.2.5 炭黑的催化作用

有关以炭黑作为煤液化和煤相关模型化合物反应用的催化剂的报道甚少。Farcasiu 和 Smith[58] 较早地研究了炭黑催化的 NMBB 的反应，发现在高比表面积炭黑的存在下，仅在 400℃ 以上才能热解的 NMBB 在低至 320℃ 就可以发生桥键断裂的反应，且在较温和的条件下炭黑可以选择性地促进 NMBB 中连接亚甲基和萘环的桥键的断裂。他们认为炭黑通过催化电子转移促进该桥键的断裂。

5.3 催化条件下反应物的分子结构与反应性的关系

为了减少生成气体小分子和聚合物大分子的反应，有必要使煤液化在尽可能低的温度下进行，同时使用活性催化剂提高反应速度，使煤中某些共价键选择性地断裂。

在温和条件下的煤催化加氢已经受到一些研究者的关注[33,49,78~80]。Prasad 等[81] 认为在温和条件下的煤催化加氢可以导致含亚甲基桥键的选择性断裂。Skowronski 等[79] 考察了烟煤在 275~325℃ 的温度范围内的加氢反应。他们发现在 325℃ 下可以高收率地得到液化油，而生成的气体成分和结焦产物很少。在温和条件下高收率地得到液化油主要原因是使用了活性催化剂。

催化剂究竟对煤中有机质哪些类型的分子和对其中某一分子的什么部位的加氢和加氢裂解有效？用确凿的证据回答这一问题对于开发温和条件下煤的选择性液化的新工艺十分重要。

Wei 等系统的研究了在 300℃ 下 FeS$_2$ 催化的联苯、BNp、TPM、一系列 DAAs[22,23] 和 H-DNMs[41] 的反应，发现这些模型化合物的结构与其反应性存在着密切的关系。

5.3.1 含苯环的模型化合物的反应性

表 5-20[22] 比较了几种含苯环的模型化合物的反应性。联苯和 DPP 即使加热 10 h 也不发生任何反应。比较联苯、DPM 和 TPM 的反应，在同样条件下，联苯的转化率最低，而 TPM 最容易发生反应。

表 5-20　FeS₂催化的含苯环的模型化合物的反应ᵃ

反应物	时间/h	转化率/%	选择率/%(mol)					
			苯	甲苯	CHB	BCH	DPMCH	DPM
联苯	1	0.5	0	—	100.0	—	—	—
	10	6.2	0	—	100.0	—	—	—
DPM	1	3.1	100.0	100.0	—	0	—	—
	10	36.1	98.5	98.5	—	1.5	—	—
联苄	10	0	0	0	—	—	—	—
DPP	10	0	0	0	—	—	—	—
TPM	1	21.4	102.6	2.6	0	0	痕量	97.4
	10	87.7	118.5	20.4	—	0.5	0.5	79.5

　　a.反应物 7.5 mmol,FeS₂ 0.5 g,S 0.05 g,DHN 30 mL,H₂初压 10 MPa,CHB:环己基苯,DPMCH:二苯甲基环己烷。

联苯仅加氢仅生成 CHB:

图解 5-7　FeS₂催化的联苯的加氢反应

　　如表 3-17 所示,联苯中 2-和 4-位比 1-和 3-位的 S_r 值大得多,也比苯的 S_r 值大,推测联苄的加氢反应优先在 2-和 4-位上进行。所得 CHB 中苯环的 S_r 值较小,受氢能力小于联苯,在该实验条件下 CHB 中苯环的加氢十分困难;即使在CHB 中苯环的取代位受到 H· 的攻击,也不会导致 C—C 键的断裂,因离去基团环己基游离基不稳定。联苯中取代位的 S_r 值比苯的 S_r 值还小,且所受位阻较大,不容易受到 H· 的攻击;即使受到攻击,也不会使 2 个苯环间的 C—C 键断裂,因该C—C 键的断裂后所生成的离去基团 Ph· 很不稳定。

　　Olah 和 Husain[75]研究了温和条件下 HBF₄和加压 H₂存在下的联苯的反应。发现联苯中苯环的取代位受到 H· 的攻击并不直接导致两环间 C—C 键的断裂,而是再加氢生成环己二烯基苯后才能导致两环间 C—C 键的断裂:

　　DPM 中苯环的 S_r 值应该与 CHB 中苯环的 S_r 值相当,由此可以推断在该实验

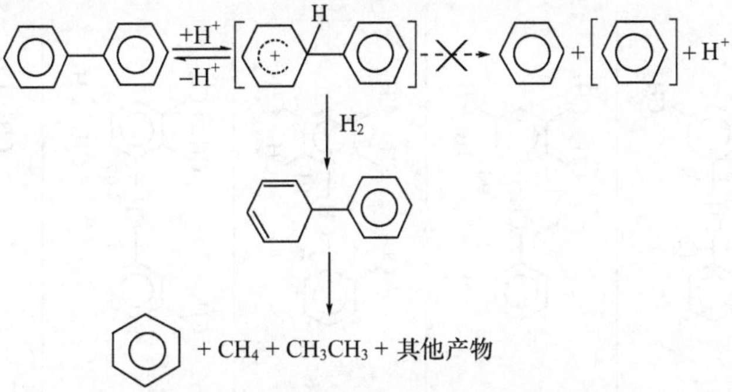

图解 5-8　酸催化的联苯的加氢裂解反应

条件下 DPM 中苯环的加氢很难进行。尽管根据 S_r 值判断 DPM 中苯环的受氢能力应该与 CHB 中苯环的受氢能力相当,但如反应式 5.7 所示,H· 攻击 DPM 中苯环的取代位后可以导致 C—C 键的断裂,其原因是所生成的离去基团 PhĊH₂ 比较稳定。

　　Yamazaki 和 Kawai[82] 研究了一系列甲基取代的不对称的 DPM 的催化氢解反应性。表 5-21 和表 5-22 分别给出他们比较分子内两个桥键的氢解反应性和不同分子间氢解反应性的研究结果。根据他们的结果,DPM 中苯环的非取代位被甲基取代导致与甲基取代苯环相连的 C芳-C烷 桥键易于发生氢解反应;取代个数越多,氢解反应越易进行;氢解反应性的增加因取代部位不同而异:2 -位取代的情况下氢解反应性的增加程度最大,3 -位与 4 -位取代相比增加程度大致相当。

　　如图解 5-9 所示,TPM 的取代位受到 H· 的攻击,继而导致 C—C 键的断裂后

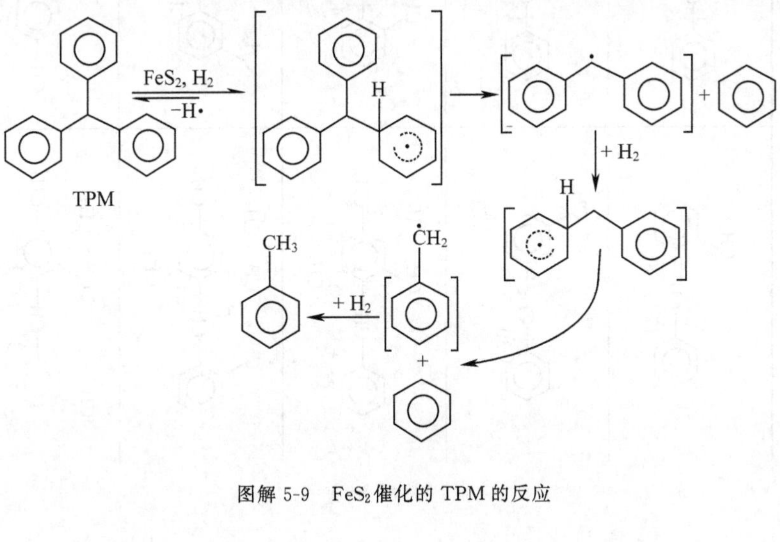

图解 5-9　FeS₂ 催化的 TPM 的反应

表 5-21　甲基取代的 DPM 中两个桥键氢解的相对反应性

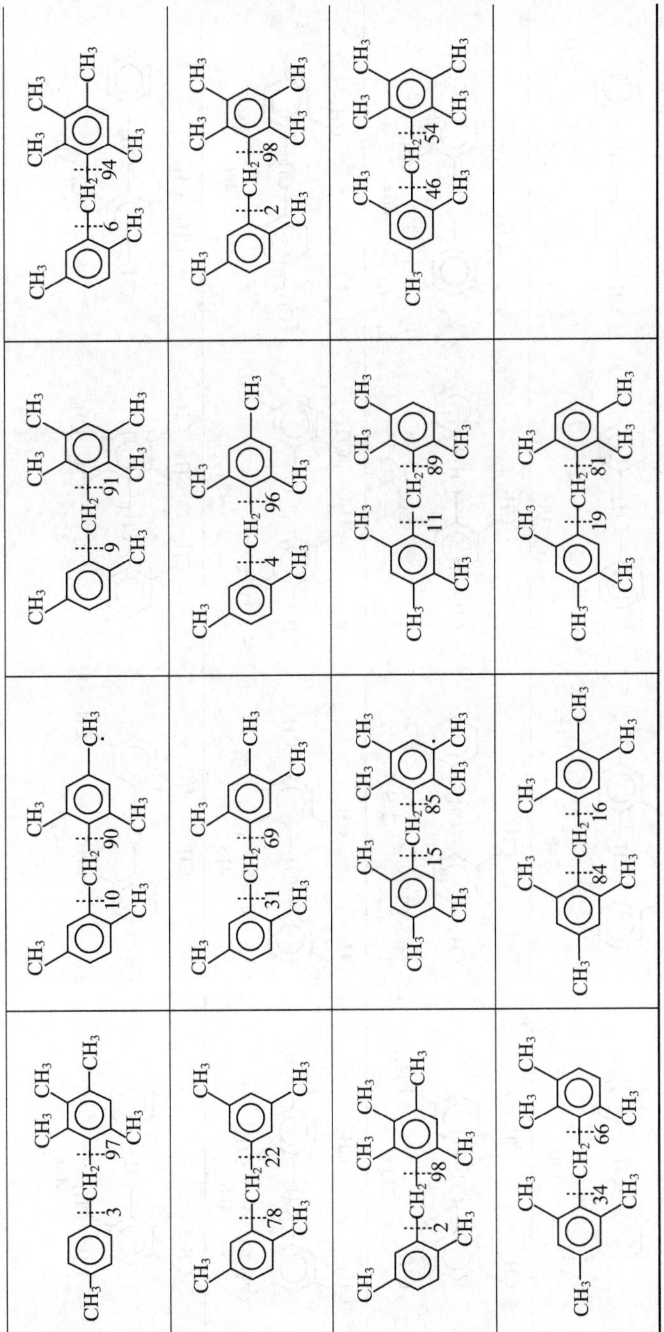

表 5-22　不同甲基取代的 DPM 氢解反应性的比较

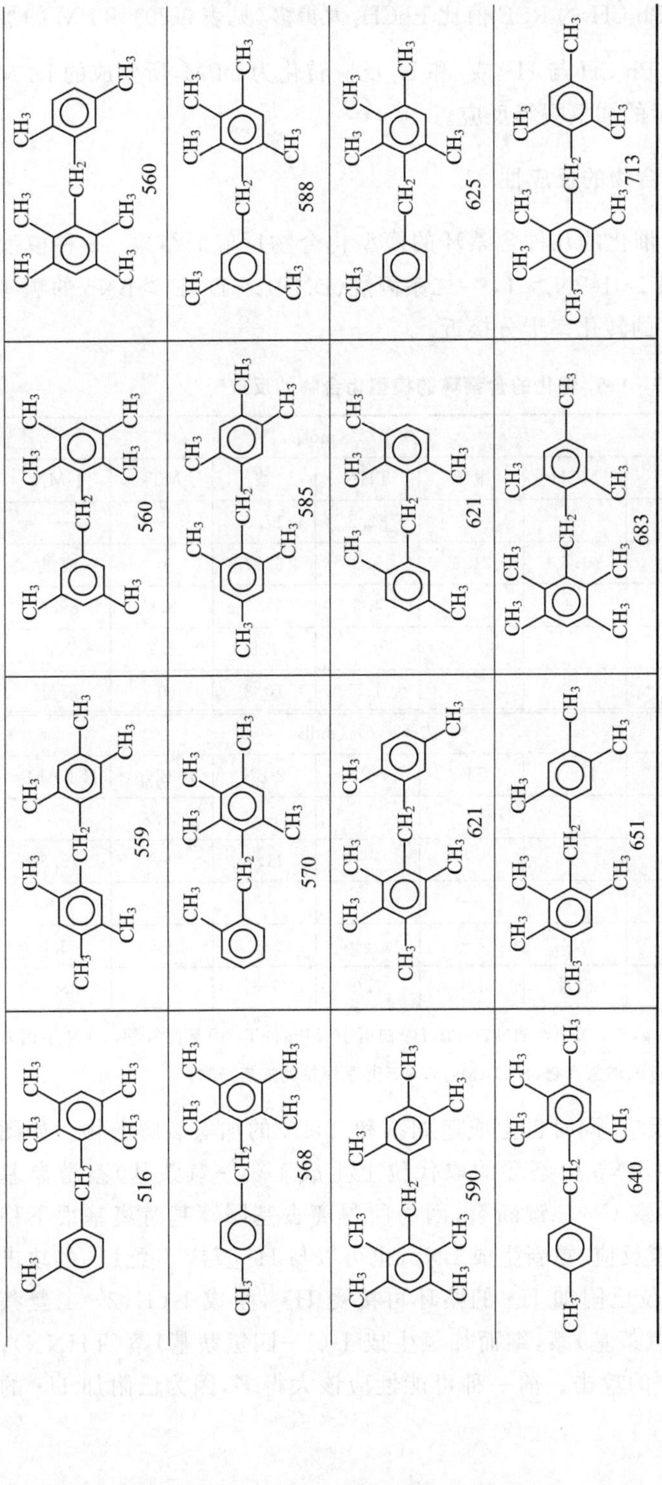
516
559
560
560
568
570
585
588
590
621
621
625
640
651
683
713

先生成苯和 $Ph_2\dot{C}H$。因 $Ph_2\dot{C}H$ 的 RSE 值比 $Ph\dot{C}H_2$ 大得多(见表 3-20),TPM 的加氢裂解远比 DPM 容易。$Ph_2\dot{C}H$ 与 H· 或/和 H_2 反应转化为 DPM,所生成的 DPM 还可以发生反应 5.7 所示的加氢裂解反应。

5.3.2　含萘环的模型化合物的反应性

表 5-23 汇总了 FeS_2 催化的几种含萘环的模型化合物反应的结果。5 种模型化合物的反应性按 DNM > 1-BN > 1,3-二萘丙烷(DNP) > DNE > BNp 的顺序减小,其中 DNE 与 DNP 的转化率十分接近。

表 5-23　FeS_2 催化的含萘环的模型化合物的反应[a]

反应物	转化率/%	选择率/%(mol)						
		苯	MCH	甲苯	THN	萘	MTs	1-MN
BNp	11.4	—	—	—	22.3	17.3	—	—
1-BN	86.0	痕量	1.6	71.3	9.3	63.7	0	痕量
DNM	91.7				4.3	95.7	3.6	89.0
DNE	50.7	—	—	—	0.2	1.8	2.7	2.3
DNP	51.1				1.5	10.3	0	痕量

反应物	转化率/%	选择率/%(mol)						
		ETs	1-EN	PTs	1-PN	2-BN	H-BNps	H-DAMs
BNP	11.4						43.3	—
1-BN	86.0					11.8		15.2
DNM	91.7							2.9
DNE	50.7	0.3	0.4					86.8
DNP	51.1	0	痕量	4.9	7.0	7—		88.1

a. 反应物 7.5mmol,FeS_2 0.5 g,S 0.05 g,DHN 30mL,H_2 初压 10 MPa;PTs:丙基四氢萘,1-PN:1-丙基萘,2-BN:2-苄基萘,H-BNps:BNp 的加氢产物;H-DAMs:α,ω-二芳基甲烷的加氢产物。

BNp 主要发生加氢反应,同时也生成诸如萘和 THN 的加氢裂解产物。如图解 5-10 所示,H· 附加在 BNp 中萘环的取代位上生成 1-($1'$-氢萘基)萘游离基(HNN·),但不能直接导致 C—C 键断裂,因为所得离去基团萘基游离基很不稳定。HNN· 可以发生脱氢反应,重新生成 BNp,也可以与 H· 反应。受 H· 的攻击有两种可能:其一是取代位已附加 H· 的萘环再接受 H·,生成 1-($1',2'$-二氢萘基)萘或/和 1-($1',4'$-二氢萘基)萘,继而加氢生成 1-($1'$-四氢萘基)萘(THNN);其二是另一萘环受到 H· 的攻击。前一种可能性应该大得多,因为已附加 H· 的萘环的稳定结构受到破坏,远比未附加 H· 的萘环容易接受 H·。

图解 5-10 FeS₂催化的 BNp 的反应

H· 攻击 THNN 中萘环的取代位可以导致 C—C 键断裂,因为离去基团是比较稳定的属于苄基游离基类型的 1-THN·。BNp 比联苯的反应性大且能够发生加氢裂解反应由两方面的原因所致,其一是 BNp 中萘环的受氢能力比联苯中苯环大,其二是离去基团 1-THN· 的稳定性比 Ph· 大。

甲苯和萘是 1-BN 反应的主要产物,表明 1-BN 的反应主要通过 H· 攻击萘环的取代位进行(见图解 5-11)[23]。在 1-BN 中,亚甲基连接两个不同芳环。H· 既可以攻击苯环,也可以攻击萘环。在通过 H· 攻击萘环的取代位而导致 C—C 键断裂的情况下,由于苯环的受氢能力较小,尽管所得 1 - Np$\dot{C}H_2$ 的共振稳定性较大,反应仍主要按 1-Np-CH₂Ph 共价键断裂的方式进行,表明对于 1-BN 的反应,攻击芳环这一初始反应步骤更为重要。比较表 3-20 所示的共振稳定能的数据可知,TPM 加氢裂解所生成的离去基团 Ph₂$\dot{C}$H 的共振稳定性远大于 1-BN 加氢裂解所生成的离去基团 1 - Np$\dot{C}$H 的共振稳定性,但 1-BN 的加氢裂解反应性大于TPM。这一事实进一步说明对芳环间只有一个 C 原子的化合物的加氢裂解而言,H· 攻击芳环的取代位是反应的速度决定步骤。

值得注意的是,在 1-BN 反应的混合物中检测出 2-BN 及其加氢产物。这一实

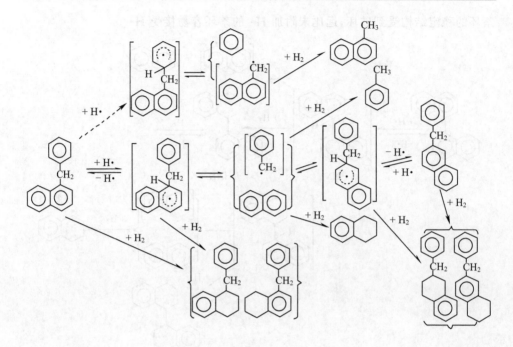

图解 5-11 FeS₂催化的 1-BN 的反应

验结果说明经 H· 对取代位的攻击，1-BN 中苄基与萘环间的 C—C 键断裂后生成的离去基团 PhĊH₂还可以进攻刚与之脱离的萘。PhĊH₂既可以攻击萘的 α-位，也可以攻击萘的 β-位。前者是 1-BN 加氢裂解的逆反应，通过后者可生成 2-BN。

　　由表 3-17 所示的 S_r 值可以判断萘环的 α-位更容易受到攻击。但图 5-7 所示的结果[23]表明，随着反应的进行，尽管 2-BN 的选择率缓慢减小，反应混合物中 2-BN 与 1-BN 的含量之比却增大，其原因是生成的 2-BN 是热力学较稳定的产物，加氢裂解的反应性小于 1-BN。从图 5-7 所示的结果还可以看出，随着反应的进行，甲苯及其加氢产物甲基环己烷的选择率变化不大。而萘的选择率急剧减小，相应地，THN 的选择率迅速增加，这一结果进一步证明萘环的加氢反应性远大于苯环。

　　1-BN 和 2-BN 各生成两种加氢产物。随着反应的进行，在 3 h 之前，4 种加氢产物的总选择率缓慢增加，而后减小。该总选择率的减小是因为反应 3 h 时 1-BN 已接近完全转化，加氢产物难于继续生成，同时减少了与已生成的加氢产物的竞争反应，有利于其中某些产物加氢裂解反应的进行。可能发生加氢裂解反应的加氢产物是含 DPM 结构的加氢产物，因为其他两种加氢产物加氢裂解后生成的离去基团都不稳定。

　　两种苄基萘中不含 DPM 结构的加氢产物既可以通过 H· 攻击取代位生成,也可以通过 H· 攻击非取代位生成,即 H· 攻击苄基萘的取代位未必完全导致 C—C 键的断裂。

　　DNM 的转化率和加氢裂解的选择率都大于 1-BN。其原因是 DNM 中萘环受到 H· 攻击导致 C—C 键断裂后生成的离去基团 $1\text{-Np}\overset{.}{C}H_2$ 的共振稳定性远大于 1-BN 生成的离去基团 $Ph\overset{.}{C}H_2$ 的共振稳定性。与 1-BN 的反应不同,DNM 的反应既未生成其异构体,也未生成不含 DPM 结构的四氢衍生物。这是因为 $Np\overset{.}{C}H_2$ 的反应性远不及 $Ph\overset{.}{C}H_2$,在反应条件下不容易攻击萘环;H· 攻击 DNM 中萘环的取代位后,离去基团 $Np\overset{.}{C}H_2$ 因共振稳定性大而迅速脱落,没有给予另一 H· 攻击同一萘环 2-位或 4-位,进而生成 DNM 的不含 DPM 结构的四氢衍生物的机会。但在反应产物中却检测出不含 DPM 结构的八氢衍生物(8H′-DNM)。8H′-DNM 之所以能够生成,是因为 5-四氢萘基游离基(5-THN·)的共振稳定性小于 $1\text{-Np}\overset{.}{C}H_2\cdot$,

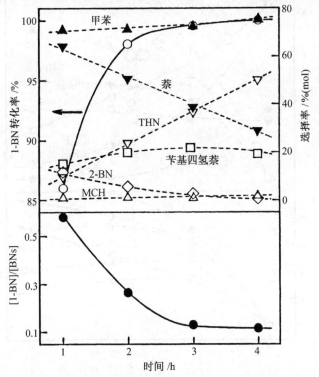

图 5-7　1-BN 的转化率、产物的选择率和[1-BN]/[BNs]比随反应时间的变化
1-BN 7.5 mmol,FeS$_2$ 0.5 g,S 0.05 g,DHN30 mL,H$_2$ 初压 10 MPa;BNs:苄基萘

致使 4H-DNM 中萘环的取代位受到 H· 的攻击不至于完全导致 C—C 键的断裂。

以表 4-7 所示的在不同条件下制备的 DNM 与其加氢产物的混合物作为反应物,Wei 等[14] 比较了在 300℃下、正十二烷中、FeS₂ 和加压 H₂ 存在下的 DNM 及其各加氢产物的反应性。

图 5-8 给出表 4-7 所示的样品 MIX 中反应物和产物的相对浓度、反应物的转化率及产物的选择率随反应时间变化的关系。随着反应的进行,反应物 DNM、4H-DNM 和 8H-DNM 的相对浓度减少,而 8H′-DNM、THN、1-MN 及 MTs 的相对浓度增加;DNM、4H-DNM 和 8H-DNM 的选择率增加,萘和 1-MN 的选择率单

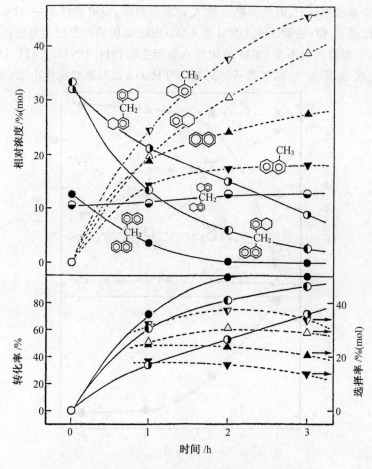

图 5-8　FeS₂ 催化的样品 MIX 的反应

MIX 2 g,正十二烷 30 mL,FeS₂ 0.5 g,S 0.05 g,H₂ 初压 10 MPa

调下降,而 THN 和 MTs 的选择率在反应进行到 2 h 左右达到最大值。8H'-DNM 中含联苄的结构,根据表 5-20 所示的结果,发生加氢裂解反应比较困难,而 8H'-DNM 中的苯环也难于发生加氢反应。因此,8H'-DNM 相对浓度的增加应该是 DNM 和 4H-DNM 的加氢所致。

　　根据 DNM 及其加氢产物相对浓度和转化率随反应时间的变化可以判断这些反应物的反应性按 DNM>4H-DNM>8H-DNM>8H'-DNM 的顺序减小,恰好与本书第四章所述的 DNM 及其加氢产物的热分解反应性的顺序相反。

　　表 4-7 所示的样品 8H-DNMs (1)反应的结果示于图 5-9。随着反应时间的延长,就相对浓度而言,8H-DNM 迅速减小,8H'-DNM 略有减小,14H-DNM 和 1-MT 略有增加,THN 和 5-MT 迅速增加;就选择率而言,1-MN 基本不变,THN 缓

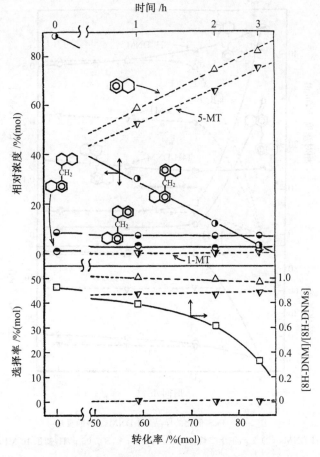

图 5-9　FeS$_2$ 催化的样品 8H-DNMs (1)的反应

8H-DNMs (1) 2 g,正十二烷 30 mL,FeS$_2$ 0.5 g,S 0.05 g,H$_2$ 初压 10 MPa

慢减小,5-MT 略有增大,[8H-DNM]/{[8H-DNM] + [8H′-DNM]}比减小。因 8H-DNM 含有 DPM 的结构,在反应条件下,已转化的 8H-DNM 绝大部分为诸如 THN、1-MT 和 5-MT 的加氢裂解产物,少量 8H-DNM 加氢转化为 14H-DNM。

　　值得注意的是,在几乎同样条件(仅所用溶剂不同,但正十二烷和 DHN 都对反应影响很小)下反应 1 h,DPM 的转化率为 3.1%(见表 5-19),而 8H-DNM 的转化率却高达 59.1%。这一巨大差别应该与 8H-DNM 中分别连接两个苯环 2,3-位的—(CH₂)₄—的作用有关。

　　从结构上分析,8H-DNM 至少相当于在 DPM 的 2,3-位各导入两个乙基,这些基团在 8H-DNM 分子内的供电子效应和供氢作用都导致 C芳-C烷桥键易于发生氢解反应[82]。

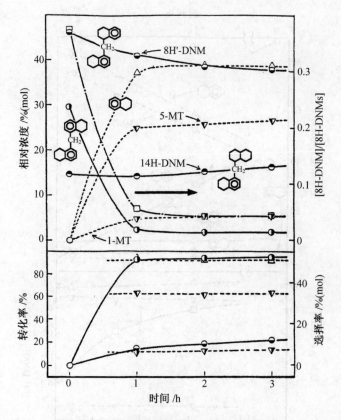

图 5-10　FeS₂ 催化的样品 8H-DNMs (2)的反应

8H-DNMs (2) 2 g,正十二烷 30 mL,FeS₂ 0.5 g,S 0.05 g,H₂初压 10 MPa

　　以样品 8H-DNMs (2)作为反应物进行了与样品 8H-DNMs (1)类似的实验。如图 5-10 所示,随着反应的进行,8H-DNM 迅速减小,8H′-DNM 缓慢减小,而

14H-DNM 略呈增加的趋势;产物 THN、1-MT 和 5-MT 的相对浓度增加,而选择率基本不变;8H-DNM 的转化率远大于 8H′-DNM,相应地,[8H-DNM]/{[8H-DNM]+[8H′-DNM]}比单调减小。

图解 5-12 FeS$_2$ 催化的两种二(四氢萘)甲烷的加氢裂解反应

A

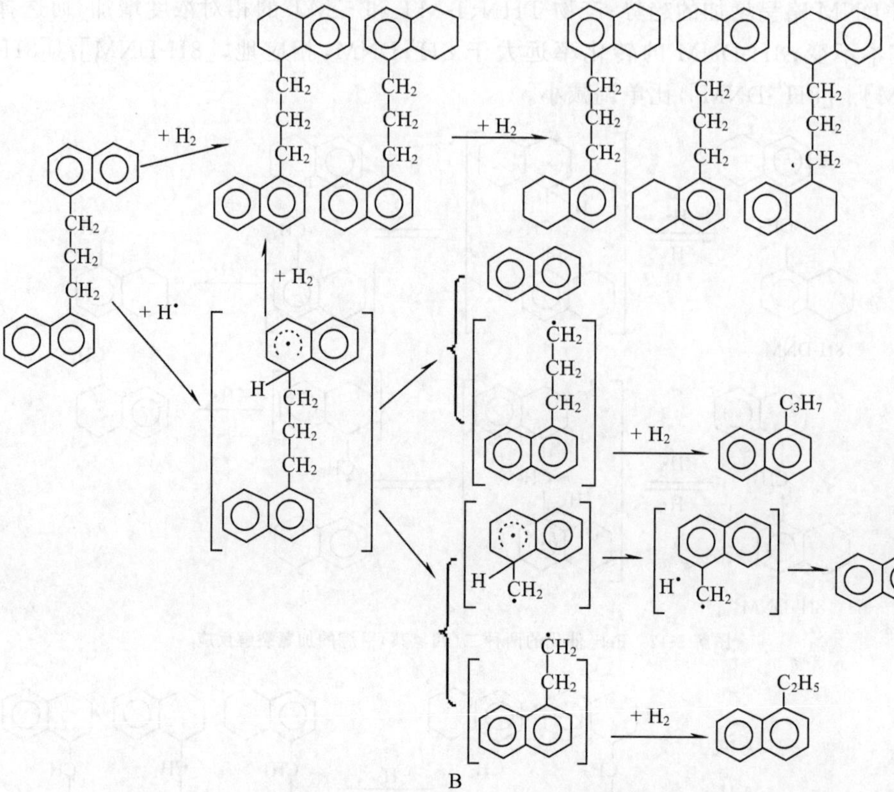

图解 5-13　FeS$_2$ 催化的 DNE(A)和 DNP(B)的反应

　　与联苄完全不反应（见表 5-20）相比,8H′-DNM 发生了加氢裂解反应,尽管其反应性远不及 8H-DNM。8H′-DNM 与联苄在反应性上的差别也可能与 8H′-DNM 分子内的供氢作用有关。另外,联苄中 2 个亚甲基间的共价键断裂生成 2 个 PhCH$_2$·,而如图解 4-11 所示,8H′-DNM 中 1-四氢萘基与 5-四氢萘甲基间的共价键断裂生成比较稳定的 5-THNM·和更稳定的 1-THN·,致使 8H′-DNM 可能发生缓慢的热分解反应。

　　如表 5-23 所示,与 DNM 的反应大相径庭,DNE 和 DNP 的反应都主要得到加氢产物,且检测出较多的 1,2,3,4-四氢衍生物。DNE 和 DNP 与 DNM 在反应历程方面的巨大差别也应归因于离去基团的共振稳定性的不同,即因所得 1-NpCH·CH$_2$ 和 1-NpCH$_2$ CH$_2$ CH$_2$· 不稳定,DNE 和 DNP 中芳环的取代位受到 H· 的攻击后难以导致 C—C 键断裂,而是继续接受 H· 的攻击,导致芳环加氢（见图解5-13）。

如图解 5-12 所示,8H-DNM 与 8H′-DNM 的加氢裂解反应性的巨大差别应归因于加氢裂解后生成的离去基团的共振稳定性的巨大差别:前者生成较稳定的苄基类型的游离基,而后者生成不稳定的苯乙基类型的游离基。

Autrey 等[83]从反应动力学的角度考察了铁-硫催化的芳烃中共价键断裂的反应机理。他们也认为模型化合物的加氢裂解反应性既受芳环取代位受氢能力的制约,也与离去基团的共振稳定性有关。

参 考 文 献

[1] Derbyshire F J, Davis A, Lin R, Stansberry P G, Terrer M T. Fuel Processing Technology, 1986, 12 (1): 127~141

[2] Mochida I, Sakada R, Sakanishi K. Fuel, 1989, 68 (3): 306~310

[3] Priyanto U, Sakanishi K, Mochida I. Energy & Fuels, 2000, 14 (4): 801~805

[4] Wei X Y, Zong Z M. Energy & Fuels, 1992, 6 (2): 236~237

[5] 宗志敏,魏贤勇,秦志宏. 中国矿业大学学报,1994,23(2):1~7

[6] Poutsma M L. Energy & Fuels, 1990, 4 (2): 113~131

[7] Ouchi K, Makabe M. Fuel, 1988, 67 (11): 1536~1541

[8] Ogata E, Tamura T, Kamiya Y. Proceedings of the 4th International Conference on Coal Science, Maastricht, USA,1987, The Netherland, Elsevier Science Publishers B. V. , 1987,pp. 243~246

[9] Grigorieva E N, Panchenko S S, Korobkov V Y, Kalechitz I V. Fuel Processing Technology, 1994, 41 (1): 39~53

[10] Artok L, Erbatur O, Schobert H H. Fuel Processing Technology, 1996, 47 (2): 153~176

[11] Ikenaga N, Sakoda T, Matsui T, Ohno K, Suzuki T. Energy & Fuels, 1997, 11 (1): 183~189

[12] McMillen D F, Malhotra R, Chang S J, Ogier W C, Nigenda S E, Fleming R H. Fuel, 1987, 66 (12): 1611~1620

[13] Thomas M G, Padrick T D, Stohl F V. Fuel, 1982, 61 (6): 761~764

[14] Bommannavar A, Montano P A. Fuel, 1982, 61 (12): 1288~1290

[15] Montano P A, Bommannavar A, Shah V. Fuel, 1981, 60 (8): 703~711

[16] Montano P A, Vaishnava P P, King J A, Eisentrout E N. Fuel, 1981, 60 (8): 712~716

[17] Srinivasan G, Seehra M S. Fuel, 1982, 61 (12): 1249~1253

[18] Srinivasan G, Seehra M S. Fuel, 1983, 62 (7): 792~794

[19] Wei X Y, Ogata E, Zong Z M, Niki E. Energy & Fuels, 1992, 6 (6): 868~869

[20] Vernon L W. Fuel, 1980, 59 (2): 102~106

[21] Futamura S, Koyanagi S, Kamiya Y. Fuel, 1988, 67 (10): 1436~1440

[22] Wei X Y, Ogata E, Niki E. Bull Chem Soc Jpn, 1992, 65 (4): 1114~1119

[23] Wei X Y, Ogata E, Niki E. J Jpn Pet Inst, 1992, 35 (4): 358~361

[24] Wei X Y, Ogata E, Zong Z M, Niki E. Fuel, 1993, 72 (11): 1547~1552

[25] Ogata E, Wei X Y, Fukasawa S, Kamiya Y. Proceedings of the 5th International Conference on Coal Science, Tokyo, 1989, pp. 879~882

[26] Takagi H, Isoda T, Kusakabe K, Morooka S. Energy & Fuels, 1999, 13 (6): 1191~1196

［27］　持田勋,山田猛雄,小林正俊,相田哲夫,千叶忠俊,小野修一郎,久光俊昭. 日本エネルギー馈全誌,
　　　　1997,76(1):12～28

［28］　Rubert R G, Crounauer D C, Tewell D M, Sechadri K S. Fuel, 1977, 56 (1): 25～32

［29］　Rottendorf H, Wilson M A. Fuel, 1980, 59 (3): 175～180

［30］　Derbyshire F J, Whitehust D O. Fuel, 1981, 60 (8): 655～662

［31］　Cochran S J, Hatswell M, Jackson W R, Larkins F P. Fuel, 1982, 61 (9): 831～833

［32］　田部浩三,服部英. 石油馈全誌,1986,29(4):280～288

［33］　Takemura Y, Okada K. Fuel, 1988, 67 (11): 1548～1553

［34］　Kamiya Y, Nobusawa Tatsuya, Futamura S. Fuel Processing Technology, 1988, 18 (1): 1～10

［35］　上田耕造,松井欠次,宋春山,许维春. 石油馈全誌, 1990, 33 (6): 413～417

［36］　佐藤芳樹,加茂徹,山本佳孝,稻葉敦,三木启司,石油馈全誌,1991, 34 (4): 327～334

［37］　Girgis M J, Gates B C. Ind Eng Chem Res, 1991, 30 (9): 2021～2058

［38］　Isoda T, Maemoto S, Kusakabe K, Morooka S. Energy & Fuels, 1999, 13 (3): 617～623

［39］　Ni Z H, Zhou S L, Zong Z M, Xu X, Cai K Y, Jiang B, Wei X Y, Ogata E. In:Proceedings of the
　　　　Seventh China-Japan Symposium on Coal and C₁ Chemistry, Hainan, China, 2001, pp. 379～382

［40］　Wei X Y, Ogata E, Niki E. Chemistry Letters, 1991: 2199～2202

［41］　Wei X Y, Ogata E, Futamura S, Kamiya Y. Fuel Processing Technology, 1990, 26 (2): 135～148

［42］　Wei X Y, Zhou S L, Zong Z M, Peng Y L, Wu L. In: Prospects for Coal Sciences in the 21st Centu-
　　　　ry, Taiyuan:Shanxi Science & Technology Press,1999, I: 799～802

［43］　米泽贞次郎,永田親義,加藤博史,今村詮,諸熊奎治. 三訂量子化馈入門(上),京都:化馈同人,1990,
　　　　203～233

［44］　Tanabe K, Hattori H. Yamaguchi T, Yokoyama S, Umematsu, Sanada Y. Fuel, 1982, 61 (4):
　　　　389～390

［45］　Ogata E, Hatakeyama K, Kamiya Y. Chemistry Letters, 1985: 1913～1916

［46］　Matsuhashi H, Hattori H, Tanabe K. Fuel, 1985, 64 (9): 1224～1228

［47］　Hirano K, Kouzu M, Okada T, Kobayashi M, Ikenaga N, Suzuki T. Fuel, 1999, 78 (15): 1867～
　　　　1873

［48］　Lambert J M. Fuel, 1982, 61 (8): 777～778

［49］　Baldwin R M, Vinciguerra S. Fuel, 1983, 62 (5): 498～501

［50］　Mukherjee D K, Mitra J R. Fuel, 1984, 63 (5): 722～723

［51］　Hirschon A S, Sundback K, Laine R M. Fuel, 1985, 64 (6): 772～775

［52］　Stenberg V I, Ogawa T, Willson W G, Miller D. Fuel, 1983, 63 (10): 1487～1491

［53］　Guin J A, Curtis C W, Kwon K C. Fuel, 1983, 62 (10): 1412～1416

［54］　Sondrel E A, Willson W G, Stenberg V I. Fuel, 1982, 61 (7): 925～938

［55］　Ogawa T, Stenberg V I, Montano P A. Fuel, 1984, 63 (12): 1660～1663

［56］　Wei X Y, Ogata E, Niki E. Bull Chem Soc Jpn, 1992, 65 (4): 987～990

［57］　Makabe M, Itoh H, Ouchi K. Fuel, 1990, 69 (5): 575～579

［58］　Farcasiu M, Smith C. Energy & Fuels, 1991, 5 (1): 83～87

［59］　Ogata E, Ishiwata K, Wei X Y, Niki E. In:Proceedings of the Seventh International Conference on
　　　　Coal Science, Banff, Alberta, Canada, 1993, II: 349～352

［60］ Hall A G, Duanchan A, Smith K J. Can J Chem Eng, 1998, 76 (8)：744～752

［61］ 魏贤勇,宗志敏,小方英辅,二木锐雄. 燃料化学学报,1995,23(3)：231～235

［62］ Stock L M, Duran J E, Huang C B, Srinivas V R, Willis R S. Fuel, 1985, 64 (6)：754～760

［63］ Barbier J, Lamy-Pitara E, Marecot P. Advances in Catalysis, 1990, 37：279

［64］ Heredy L A, Neuworth M B. Fuel, 1962, 41 (3)：221～231

［65］ Ouchi K, Imuta K, Yamashita Y. Fuel, 1965, 44 (?)：205

［66］ Larsen J W, Kuemmerle E W. Fuel, 1976, 55 (3)：162～169

［67］ Shabtai J, Oblad H B, Katayama Y, Saito I. Prepr Pap-Am Chem Soc, Div, Fuel Chem, 1985, 30 (3)：495～502

［68］ Kumagai H, Shimomura M, Sanada Y. Fuel Processing Technology, 1986, 13 (1)：97～100

［69］ Farcasiu M. Fuel Processing Technology, 1986, 14 (1)：161～169

［70］ Shimizu K, Karamatsu H, Inaba A, Suganuma A, Saito I. Fuel, 1995, 74 (6)：853～859

［71］ Butler R, Snelson A. Fuel, 1980, 59 (2)：93～96

［72］ Salim S S, Bell A T. Fuel, 1982, 61 (8)：745～754

［73］ Olah G A. US Patents 4373109 and 4394247, 1983

［74］ Olah G A, Bruce M R, Edelson E H, Husain A. Fuel, 1984, 63 (8)：1130～1137

［75］ Olah G A, Husain A. Fuel, 1984, 63 (10)：1427～1431

［76］ Olah G A, Bruce M R, Edelson E H, Husain A. Fuel, 1984, 63 (10)：1432～1435

［77］ Strausz O P, Mojelsky T W, Payzant J D. Energy & Fuels, 1999, 13 (3)：558～569

［78］ Davis A, Derbyshire F J, Finseth D H, Lin R, Stansberry P G, Terrer M T. Fuel, 1986, 65 (4)：500～506

［79］ Skowronski R P, Heredy L A. Fuel, 1987, 66 (12)：1642～1645

［80］ Mastral A M, Derbyshire F J. Fuel, 1988, 67 (11)：1477～1481

［81］ Prasad J V, Das K G, Dereppe J M. Fuel, 1991, 70 (2)：189～193

［82］ Yamazaki Y, Kawai T. Advances in Catalysis, 1980, 29：229～272

［83］ Autrey T, Linehan J C, Camaioni D M, Kaune L E, Watrob H M, Franz J A. Catalysis Today, 1996, 31 (1)：105～111

6 煤液体的分离、分析与利用

通常将煤液化反应混合物中气体和残渣（一般指 THF 不溶物）以外的组分称为煤液体。煤液体是煤液化的初级目的产品，其组成一般比较复杂，且因所用煤种和液化条件而异。了解不同煤种在不同条件下所得煤液体的组成不仅对优化煤液化和煤液体的利用工艺十分重要，而且可以提供煤的大分子网络结构的信息。

Yoshida 等[1] 用交叉极化魔角旋转（CP/MAS）^{13}C NMR 和场电离质谱（FIMS）考察了煤与其液化产物在结构上的相关性。他们发现在 CH_2/芳碳比方面由煤液化反应混合物所得的沥青烯、前沥青烯和残渣与煤接近，所得油馏分的 CH_2/芳碳比虽然大于煤，但也有良好的相关性；CH_2/芳碳比高的煤液化后所得产物富含脂环结构。

由煤液体所得的沥青烯挥发性较小，对其结构表征比较困难。为了得到沥青烯的结构信息及其与原煤结构的关系，Shadle 和 Given[2] 用 ^{1}H NMR 对 8 种高挥发性的不同变质程度的烟煤及其液化后所得的沥青烯进行了分析，并用 GC/MS 分析了三氟乙酸氧化原煤及其相应的沥青烯所得的产物。他们的研究结果表明：在沥青烯中与苯环相连的 α-氢最丰富，且其相对浓度基本不随原煤变质程度的不同而改变；β-氢比较丰富，但其相邻的脂碳原子往往连接 2 个或多个芳环；丙二酸和乙三酸是煤氧化所得的主要的脂肪族二元和三元酸，而在沥青烯的氧化产物中主要的二元和三元脂肪酸是丁二酸、丙三酸和丁三酸。这些结果提供了煤液化后在结构上发生变化的信息。

由于煤液体在常温下实际上是组成复杂的固液混合物，了解其组成的前提是进行族组分分离，然后利用多种手段对各族组分进行分析。

6.1 煤液体的分离和分析

煤液体的分离既是了解煤液体组成的前提，也是煤液化工艺的重要组成部分。应该指出的是，以了解煤液体组成为目的的分离是对少量煤液体的分离，而在煤液化工艺中实际应用的是对所得全部煤液体的分离。从便于分析的角度考虑，对煤液体应尽可能精细地分离，且分离过程中应尽量避免煤液体成分的损失和化学变化。从工艺的角度出发，需要考虑操作成本，并避免因分离造成的环境污染。

从煤液化反应混合物中有效地除去诸如矿物质、残煤和催化剂等固体颗粒是开发煤液化工艺的一项重要工作。蒸馏是常用的分离方法,但往往对油馏分的回收率太低,特别是在分离诸如沥青烯等高沸点重质馏分时常会堵塞管道;离心分离法对像煤液化反应混合物之类的黏稠物料效果不佳。Romey 撰文介绍了过滤溶剂精炼煤(SRC I)的烛形物过滤器(candle filter)[3]。将这种过滤技术与先进的溶剂萃取技术有机地结合,可望有效地从煤液化反应混合物中除去难溶的固体成分。

坂木等[4]分别以苯、甲苯、对二甲苯和正己烷作为溶剂,对煤液体高于 380℃ 的蒸馏残渣进行了超临界萃取,考察了萃取条件与萃取率和脱灰率的关系,并研究了萃取物的性状。在高于临界压力 0.3~0.4 MPa 的情况下,萃取率在上升至接近临界温度之前随温度的上升增大,但在上升至接近临界温度时急速减小,高于临界温度后又随温度的上升缓慢增大。在临界温度以下,苯、甲苯和对二甲苯的溶解能力相差无几,可以溶解蒸馏残渣中全部的沥青烯和一半的前沥青烯,而正己烷仅能溶解约 29％ 的沥青烯。临界温度以上溶解度按对二甲苯＞甲苯＞苯＞正己烷的顺序减小,其中对二甲苯仍能溶解全部沥青烯,而沥青烯在正己烷中完全不溶。以甲苯作溶剂时,萃取率在临界温度以下几乎不随压力的改变而变化,但在临界温度以上随压力的上升而增大。在临界点附近萃取,不溶物可以有效地沉降分离。高于临界温度萃取时,萃取物的灰分可降至 0.05％ 以下。根据元素分析和 ^{1}H NMR分析,超临界萃取物与利用索氏萃取器萃取得到的萃取物的性状相同。但对分离槽内的析出物而言,用正己烷萃取时析出烷基侧链多的轻质成分,而用甲苯萃取时析出富含缩合芳环的重质成分。这些结果对煤液体的分离,特别是脱灰有重要参考价值,但需要较高的温度和压力是超临界流体萃取用于煤液体分离的致命缺陷。

Goldberg 等[5]对美国 Loveridge 高挥发性烟煤的加氢和加氘处理后的混合物进行了分级萃取,得到油馏分(正己烷可溶物)、沥青烯(正己烷不溶而苯可溶物)、苯不溶物而苯/甲醇可溶物及残渣,并用电子顺磁共振技术对这些馏分进行了分析。他们发现,大部分游离基存在于残煤中;随着产物可溶性的增加,未成对电子浓度减小。

Collin 等[6]用 GC/MS 和 NMR 分析了澳大利亚 Liddell 烟煤加氢(400℃,Ni-Mo 或 $SnCl_2$ 催化剂,THN 或循环油溶剂)和热解产物中蒸馏馏分中各组分的结构,他们从沸点高于 200℃ 的油馏分和低于 200℃ 的易挥发馏分中检测出 98 种化合物,将这些化合物分为直链烷烃($C_{8\sim30}$)、支链烷烃(C_{15} 和 $C_{18\sim20}$)、环烷烃($C_{7\sim10}$)、烯烃($C_{9\sim17}$)、1-4 环芳烃、杂环化合物(咔唑和甲基二苯并呋喃)、苯酚类和甲基苯胺。他们的研究结果表明:直链烷烃是油馏分中的重要组分,油馏分中还含有烷基取代的苯和 THN、苯酚及多环化合物;当油收率较高时,支链烷烃含量较少;以 $SnCl_2$ 代替 THN 溶剂和 NiMo 催化剂所得产物中 MTs 的含量减少;在催化加氢反应中不产生烯烃,但在热解反应中产生大量的烯烃;催化加氢产生的易挥发馏分含烷基苯、DHN、甲基茚满和直链烷烃;以循环油作溶剂比以 THN 作溶剂经催化加氢产生的易挥发馏分中直链烷烃的含量高。这些结果为优化煤液化工艺提供了重要的信息,即可以通过控制反应条件改变产物的组成,以满足不同目的的需要。

Whitehurst 等[7]认为将 LC、GC 与 FIMS 相结合对分析煤液体有特效。内野等[8]用 HPLC 将煤液体中的煤油馏分(180～240℃)分取成链烃、苯族烃、萘族烃和极性化合物 4 个族组分,将煤液体中的柴油馏分(240～340℃)分取成链烃、苯族烃、萘族烃、芴族烃、3 环芳香族化合物和极性化合物 6 个族组分,并用 GC/MS 和 ^{1}H NMR 对各族组分进行了分析。他们从煤油馏分中检测出 27 种化合物,包括直链烷烃($C_{11～14}$)、DHN 和烷基($C_{1～3}$)十氢萘、烷基苯、茚满和 THN 及其烷基(C_1和 C_2)取代物、六氢苊烯、萘和烷基(C_1和 C_2)萘及苊;从轻油馏分中检测出 49 种化合物,这些化合物与煤油馏分相比总体上烷基碳原子数目较多,还含有诸多3～4环化合物。

三木和衫本[9]对中国胜利褐煤、日本宗谷褐煤和太平洋次烟煤、澳大利亚 Yallourn 褐煤和 Wandoan 次烟煤及加拿大 Battleriver 褐煤在 450℃下进行了非催化加氢热解反应,对所得反应混合物进行了溶剂萃取分级,分别用 GC/MS 和 GC 对庚烷可溶物中低于 415℃的馏分进行了定性和定量分析,检测出近 200 种化合物,其中直链烷烃几乎占该馏分总量的一半。他们发现,与次烟煤相比,由褐煤生成的 2 环芳香族化合物较多,而 4 环芳香族化合物较少。

吉田[10]系统地综述了质谱法在煤及煤液体结构分析方面的应用,认为质谱法的最显著的特点是可以对煤液化油中各成分的含量和化学结构进行详细的解析,与传统的 NMR 法仅能完成的平均结构解析有着本质的区别。尽管该论文发表已 10 余年,此间质谱分析技术已取得巨大的进步,但论文中的许多见解和建议对从事质谱分析和煤化学研究的工作者仍具有重要的参考价值。需要指出的是:论文中提及的 TLC(薄层色谱)/MS 和 HPLC/MS 并非联机而是脱机分析,与联机分析相比,脱机分析不仅操作烦琐,而且分析效果不佳;对诸多异构体的测定仍需要借助其他的分析方法,其中 NMR 法最为有效,所欠缺的是 NMR 法至今仍不能与色谱分离法联机使用。

Katoh 和 Ouchi 用图 6-1 所示的方法对日本太平洋煤进行了催化加氢(Adkins 催化剂,360～390℃,1 h)并对所得反应混合物进行了分离,其中由正己烷萃取所得油馏分的进一步分离过程包括碱洗、酸洗、真空蒸馏和对所得三种低沸点馏分进行液相色谱分取[11]。他们用 GC 和 GC/MS 分析的结果表明:所分取的馏分中饱和烃的含量最高,其中直链烷烃占各馏分的 9%～13%,其他饱和烃包括异戊二烯类（C_{15}、C_{16} 和 $C_{18\sim20}$）、支链烷烃、烷基环己烷和萜类化合物等；随馏分的沸点上升，检测出少量苯族烃和较多 2-3 环芳烃。

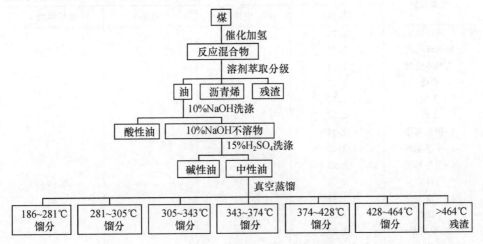

图 6-1　煤的催化加氢及反应混合物的分离

Pyase 等[12]通过用[13]C NMR 和[1]H NMR 对原油和煤液体进行分析，估计了原油和煤液体的平均结构参数。这种分析方法的优点是不需要对样品进行前处理，但缺点是尽管可以得到诸多参数却难以提供原油和煤液体的详细的结构信息。

Redlich 等[13]以 SnO_2 作为催化剂在 10 MPa H_2 初压和 405℃下分别进行了澳大利亚 Victorian 的 5 种褐煤及其在 320℃下热萃取所得的轻原油（light petroleum，沸点范围：40～60℃）可溶物和沥青烯的加氢反应，用 NMR 和 GC/MS 分析了反应混合物中的油馏分。在沥青加氢后所得油馏分中主要含有苯酚类化合物、苯族烃、萘族烃、烷基四氢萘和烷基茚满，而由轻原油可溶物加氢所得油馏分中主要含直链烷烃和环烷烃。进一步的研究[14]发现，由 H/C 比不同的褐煤所得的沥青烯和残渣的化学结构一致，主要来源于木纤维物质。Redlich 等[15]利用[1]H NMR、^{13}C NMR、FTIR 和 GC/MS 分析了澳大利亚高变质煤热处理后所得油馏分、沥青烯和残渣的结构后认为：存在于次烟煤中的长脂肪链比存在于褐煤中的长脂肪链更强地结合于大分子结构中；褐煤中的直链烷烃至少部分地由长链酯和羧酸的分解生成；从褐煤到次烟煤芳环的尺寸没有明显增大；与次烟煤相比，烟煤中直链烷烃的平均链长度显著减小，而在芳环上短的烷基侧链和连接芳环的脂肪链的数目较多。

Pauls 等[16]报道由 Illinois No.6 和 Wyodak 煤所得煤液体中的酚类化合物主要存在于 175～315℃的馏分中，可分为四种类型：苯酚类、茚满酚类、萘酚类和苊酚类，这些化合物大部分含有烷基取代基。

表 6-1　煤液体的化学成分

主要成分	含量/%（质量）			
	轻油	中油	重油	循环溶剂
环己烷	1.73			
甲基环己烷	2.21			
乙基环己烷	1.24			
辛烷	1.47			
壬烷	1.50			
苯酚	4.57			
2-甲基苯酚	2.15			
3-甲基苯酚	3.65			
4-甲基苯酚	2.23			
THN	2.52	0.16		0.14
萘	1.46	0.32		0.28
十二烷	1.56	0.05		0.11
2-甲基萘	1.29	2.09		1.81
二苯并呋喃		0.61		0.47
十五烷		2.69		2.28
芴		0.80		0.05
十六烷		2.34		1.98
DHP		0.35	0.09	0.25
DHA		0.50	0.24	0.42
十七烷		1.98	0.19	1.69
菲		0.84	1.08	1.02
蒽		0.36	0.46	0.44
咔唑		0.45	0.73	0.55
1-甲基菲		0.54	1.26	0.77
十九烷		1.22	0.59	1.15
芘			4.92	2.51
二十烷			1.51	0.92
2-甲基芘			2.33	1.07
1,3-二甲基芘			1.25	0.35
二十四烷			2.16	0.87
二十五烷			2.08	0.85
二十六烷			1.75	0.83
二十七烷			1.55	0.72
二十九烷			1.08	0.46
三十烷			0.84	0.34
其他	57.12	61.11	51.12	56.38
未知物	15.29	23.58	24.76	21.29
合计	100.00	100.00	100.00	100.00

Robinson 等[17]考察非催化条件下和 MoS₂ 催化的英国 Gedling 烟煤的加氢热解（520℃）和低温加氢（350℃）反应，比较了通过这些反应所生成的烷烃的分布状况。他们用 GC/MS 对反应混合物中二氯甲烷（DCM）可溶物分析的结果表明，不同条件下反应所得 DCM 可溶物中烷烃的种类相似，但分布有所不同；直链烷烃的相对含量随煤的转化率的增加而增加；煤中某些共价键在催化剂的作用下断裂，导致诸如藿烷和甾烷等生物标志物脱离煤中大分子而释放出来。

荒牧等[18]用蒸馏的方法将煤液体分为轻油（40～220℃）、中油（220～350℃）和重油（350～538℃），并分别用 GC/MS 和 GC 对各馏分和循环溶剂进行了定性和定量分析。如表 5-1 所示，各馏分中已确认的化合物的总量仅占相应馏分总量的 15.32％～27.59％；苯酚和甲基苯酚是轻油中已确认的主要化合物，其中苯酚含量最高；在中油已确认的组分中烷烃占大部分，其中十五烷最丰富，二苯并呋喃是惟一的含杂原子化合物；在中油已确认的组分中芳烃与烷烃的含量相当，咔唑是惟一的含杂原子化合物；循环溶剂中已确认的化合物的种类最多。

泽田等[19]对煤液体减压蒸馏残渣进行了溶剂萃取分级，继而用 TLC-FID 法对各馏分的形状进行了分析。增田等[20]用溶剂萃取法和 TLC 法对煤液体中的重质组分进行了分离，并对所分离的族组分进行了元素分析、FTIR 分析、CP/MAS NMR 分析和质谱分析。从分析结果可以看出各族组分在分子量分布、芳环缩合程度和极性上的差别，但由于所分离出的仍是组成较复杂的混合物，难以由此法得到重质成分更详细的分子结构信息。

吉田等[21]开发了微量有机氧定量分析装置用以分析诸如煤液化所得石脑油等高挥发性样品中的有机氧，该装置配备热传导检测器和氢火焰检测器，可以迅速分析高浓度和低浓度的有机氧。

6.2　煤液体作为燃料的利用

富含芳环和脂环是煤液体的基本特性。作为液体燃料利用，煤液体中的含芳环成分虽然对增加辛烷值起到一定的作用，但这些成分难以充分燃烧，热值低，且燃烧过程中产生较多的 CO₂ 和大量的烟尘，严重污染环境。通过温和条件下的催化加氢可使这些成分选择性地转化成脂环化合物。如能将煤液体中的稠环芳烃深度加氢为多环脂肪烃，并将这些成分有效地分离出来，则可望作为高级喷气燃料利用[22]。

即使与石油重质油相比，煤液体也含有较多的杂原子，脱除这些杂原子是煤液体作为洁净燃料利用的关键。煤液体中的石脑油馏分一般含 1.5％～3.5％的 O 和 0.15％～0.40％的 N[23]。含氮化合物被认为是着色物质之一[24~26]，不仅有害于石脑油的贮存,而且在加氢处理时与含氧化合物一起消耗大量的氢气并导致催化剂活性降低[27]。因此,有必要在加氢处理前从石脑油中除去含杂原子化合物。当然,最好的方法是选择性地分离和回收这些化合物。古崎等[28]和 Nair 等[29]报道用间二甲苯-4-磺酸钠和乙酰胺的水溶液可以高效地从石脑油中萃取酚类化合物。吉田等[30]考察了多种含界面活性剂的水溶液对酚类化合物的萃取效果,发现烷基苯磺酸钠在萃取率、分层效果和回收的容易程度方面都堪称性能最优的界面活性剂。他们进一步的研究结果[31]表明:酚类化合物在水相中的分配系数 K 随烷基苯磺酸钠添加量和该添加剂中烷基碳原子个数的增加按指数关系增大,但若石脑油中存在酚以外的含氧化合物则 K 值减小;添加甲醇显著增大酚类化合物的萃取率,且所添加的甲醇与烷基苯磺酸钠具有协同作用;萃取溶剂可以循环使用;石脑油中烃类向水相的转移和烷基苯磺酸钠向石脑油中的转移都极少。

催化加氢也是脱除煤液体中杂原子的重要方法之一,也是在石油化工中广泛应用的工艺。利用催化加氢的方法脱除煤液体中的含氮化合物比脱除含氧和含硫化合物困难。

稻叶等[32]以 CoMo/Al$_2$O$_3$ 作为催化剂对日本三池煤在 450℃下非催化加氢热解所得经离心分离脱残渣后的混合物进行了催化加氢反应。他们发现,经催化加氢反应含氮化合物中的氮原子转移到气相,而含硫化合物残存在油馏分中。

请川等[33]以 NiMo/Al$_2$O$_3$ 作为催化剂对煤液体中低于 230℃的轻质油馏分进行了加氢脱氮反应,考察了加氢脱氮对该馏分着色速度的影响,结果表明,反应温度越高、氢压越高经加氢处理后轻质油馏分的着色速度越小;添加醇类化合物,特别是甲醇,也可以明显减小轻质油馏分的着色速度,其原因是甲醇可与导致着色的含氮化合物形成氢键,但添加酚类化合物无效。

Aihara 等[34]研究了在 Ni-Mo/Al$_2$O$_3$ 存在下的煤液化油的加氢脱氮反应,他们的结果表明煤液化油的加氢脱氮反应速度与氢压成正比。

真下等[35]将日本赤平煤加氢液化所得反应混合物分离为在氯仿和苯中均可溶的族组分(I)和氯仿可溶而苯不溶的族组分(II),在两种族组分中添加苯酚后用硫化 NiMo/Al$_2$O$_3$ 催化剂进行了加氢裂解反应,考察了添加苯酚对两种族组分中脱氮的影响。他们发现,添加 2.5% 的苯酚对族组分 I 的脱氮有促进作用,但对族组分 II 的脱氮几乎无效。他们还将日本三池煤加氢液化所得反应混合物中的重质馏分分离为酸性、中性和碱性族组分,研究了添加苯酚对三种族组分催化加氢裂解脱氮的作用,结果表明,添加苯酚对酸性族组分的催化加氢裂解脱氮和脱氧都起促进作用,但无助于碱性族组分的催化加氢裂解脱氮和脱氧。他们认为其原因是添加苯酚可以增强催化剂的酸性,而由于碱性族组分在催化剂上的吸附作用强于苯酚,致使苯酚不起作用。

6.3　煤液体的非燃料利用

使煤液体作为非燃料利用涉及 3 个层次：小分子化学品的利用、大分子化学品的利用和作为生产碳素材料原料的利用。其中大分子化学品的利用是最有发展前景的研究和开发的方向，同时也是最富于挑战性的课题，因为迄今人们尚不确切地了解煤液体中大分子化合物的结构，无法有效地从煤液体的重质成分中分离这些化合物。小分子化学品包括萘、甲基萘、蒽和菲等已大规模工业生产的常规化学品和仅能在实验室分离、合成或小批量生产的特殊化学品。煤液体中的重质成分是生产碳素材料的较理想的原料，关键是需要探索"掐头去尾"，即彻底去除重质成分中苯可溶物和喹啉不溶物的有效方法。魏贤勇等认为溶剂萃取法最为有效。进一步地，用诸如 CS_2-NMP 混合溶剂等溶煤能力很强的溶剂对喹啉不溶物进行萃取，所得可溶物可望用于生产特殊碳素材料，需要解决的是溶剂残留和回收的问题。

煤液体中含有的诸多稠环芳烃和杂环化合物可用于合成医药、农药、工程塑料、电子材料和照相材料等精细化工产品。但由于迄今传统的煤液化工艺所得煤液体的成分非常复杂，用常规的蒸馏等方法分离这些化合物非常困难，特别是对分离含量较少的杂环化合物而言，难度更大。山本等[36]考察了用加压晶析法使二元混合物中的吲哚和异喹啉互相分离的操作条件，结果表明，通过在 50℃、92 MPa 下的加压晶析可使混合物中吲哚的浓度从 80% 提高到 98.1%。

Burgess 和 Schobert 研究了多种煤的加氢液化反应，发现以 MoS_2 作为催化剂使 Pittsburgh No. 8 高挥发性烟煤反应，可以高收率地获得 2 环化合物[21]。

Ni 等[37]最近对由平朔、大同、神府和龙口煤的溶剂萃取所得的 THF/甲醇不溶物（萃余煤）进行了非催化加氢热解和催化加氢裂解反应，对所得反应混合物进行了溶剂萃取分级，并用 GC/MS 分析了各馏分的组成。在所用 4 种萃余煤的非催化加氢热解和催化加氢裂解反应混合物的石油醚可溶物中都检测出 DNM 及其异构体和加氢衍生物。由于在原煤的各级萃取物中基本未检测出这些化合物，可以判断煤的大分子含有与这些化合物相似的结构单元。每种煤反应产物的组成都比煤焦油和传统煤液化产物的组成简单得多，有利于从中获取作为精细化学品利用的纯组分。由于萃余煤中已不含 GC/MS 可检测的成分，且环己烷在 300℃下不反应，可以断定从反应混合物中用 GC/MS 检测出的成分基本为反应产物。根据这些产物推测煤的热解和液化机理比以原煤作为反应物及 THN 等易反应的化合物作为溶剂，在高温下进行煤液化反应的传统研究可靠得多。

图 6-2 和图 6-3 分别给出对平朔萃余煤进行非催化加氢热解和 Fe-S 存在下催化加氢裂解所得反应混合物中石油醚可溶物的总离子流色谱图，所鉴定出的化合

物的名称分别列于表 6-2 和表 6-3 中。

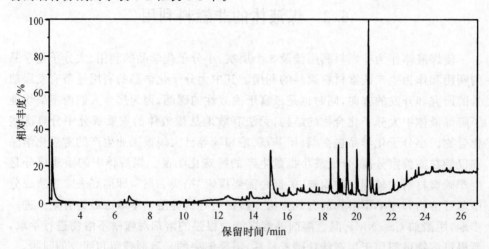

图 6-2　平朔萃余煤非催化加氢热解反应混合物中石油醚可溶物的总离子流色谱图

萃余煤 1 g,环己烷 20 mL,H$_2$ 初压 5 Mpa,300℃,4 h

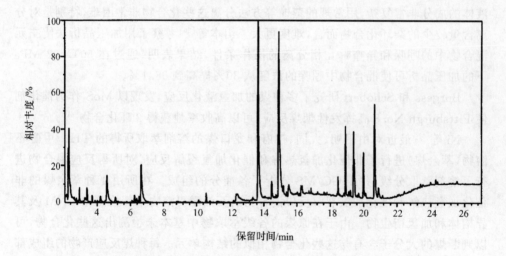

图 6-3　Fe-S 存在下平朔萃余煤催化加氢裂解反应混合物中石油醚可溶物的总离子流色谱图

萃余煤 1 g,Fe 0.1 g,S 0.15 g,环己烷 20 mL,H$_2$ 初压 5MPa,300℃,4 h

在平朔萃余煤非催化加氢热解反应混合物的石油醚可溶物中所检测出的 43 种化合物中含量最高的是 DNM,其次是苯胺和蒽,DNM 的一系列加氢衍生物的含量也较高,说明这些结构在平朔煤中的大分子组分中含量较高且以较弱的键与大分子的其他部分结合。由于蒽环比萘环的加氢容易得多,且在该石油醚混合物中仅检测出很少量的 DHA,可以肯定 DNM 的一系列加氢衍生物主要由平朔煤的大分子的加氢热解生成而非由 DNM 加氢所得。仅检测出少量的 1－MN 和微量的萘,说明在此条件下生成的 DNM 及其加氢衍生物几乎没有进一步反应。苯胺、10－丁氨基菲啶、10－丁氨基吖啶、4－甲基－2,6－二叔丁基苯酚、蒽醌和几种酯是所检测出的含杂原子化合物,但从中未发现含硫化合物。

表 6-2 从平朔萃余煤非催化加氢热解反应混合物中的石油醚可溶物中鉴定出的化合物

RT/min	化合物	RT/min	化合物
2.295	苯胺	18.461	己二酸二(2－乙基)己酯
4.794	萘	18.921	8H′-DNM
6.331	5-MT	19.036	双(2－乙基)己酸四乙二醇酯
6.781	1-MN	19.151	二十五烷
10.577	4－甲基－2,6－二叔丁基苯酚	19.120	1－(6－四氢萘甲基)四氢萘
12.543	邻苯二甲酸二丁酯	19.402	8H-DNM
13.609	10－丁氨基菲啶	19.444	4H-DNM
13.797	DHA	19.706	邻苯二甲酸二(2－乙基)己酯
13.860	10－丁氨基吖啶	19.998	1,4－二氢－1－[1－(3,4－二氢萘甲基)]萘
14.540	1,2,3,4－四氢蒽	20.113	二[1－(3,4－二氢萘甲基)]萘
14.749	十八烷	20.657	DNM
14.885	菲	20.898	1－(2－萘甲基)萘
14.958	蒽	21.138	二十七烷
15.387	邻苯二甲酸二(丁烯-1)酯	22.048	1－甲基－4－(1－萘甲基)萘
15.523	十九烷	22.121	二十八烷
15.742	十六酸甲酯	22.884	二十九烷
16.046	邻苯二甲酸二丁酯	23.146	胆甾－3,5－二烯
16.527	蒽醌	23.575	三十烷
16.725	二十一烷	23.993	3－甲基胆蒽
16.893	十八酸甲酯	24.338	三十一烷
17.248	二十二烷	25.185	三十二烷
17.792	二十三烷	26.189	三十三烷
18.419	二十四烷		

RT:保留时间。

表 6-3　从 Fe-S 存在下平朔煤萃余物催化加氢热解反应混合物中的石油醚
可溶物中鉴定出的化合物

RT/min	化合物	RT/min	化合物
2.117	环己基硫醚	14.477	1,2,3,4-四氢蒽
2.180	1-甲基-3-乙苯	14.602	二苯并噻吩
2.263	苯酚	14.749	十八烷
2.305	苯胺	14.832	1-甲基-9,10-二氢菲
2.389	1,3,5-三甲苯	14.926	蒽
2.525	二氢-2-噻吩酮	15.115	二环己基二硫
2.619	1-甲基-4-乙苯	15.177	环己基硫苯硫酚
2.755	茚满	15.376	邻苯二甲酸二异丁酯
2.932	trans-DHN	15.512	咔唑
3.267	甲基苯基硫醚	15.747	十六酸
3.393	cis-DHN	15.962	2-甲基菲
3.999	1-甲基-2-(2-丙烯基)苯	16.160	二十烷
4.177	THN	16.254	噻蒽
4.480	2-MT	16.317	十六酸异丙酯
4.553	萘	16.725	二十一烷
5.076	1-MT	16.840	二环己基三硫
5.484	4,7-二甲基茚满	17.248	二十二烷
5.777	6-MT	17.687	9,10-二氢-9-(1-甲基丙基)蒽
6.101	甲基环己基二硫	17.792	二十三烷
6.258	5-MT	18.409	二十四烷
6.394	2-MN	18.461	己二酸二(2-乙基)己酯
6.655	1-MN	18.827	2-(5-四氢萘甲基)四氢萘
8.088	十四烷	18.910	8H'-DNM
8.841	1,7-二甲基萘	19.099	1-(6-四氢萘甲基)四氢萘
9.353	1,8-二甲基萘	19.214	10-乙基十四酸
10.210	十五烷	19.402	8H-DNM
10.576	4-甲基-2,6-二叔丁基苯酚	19.433	4H-DNM
10.775	甲基环己基三硫	19.705	邻苯二甲酸二(2-乙基)己酯
11.204	1,4,5-三甲基萘	19.988	1,4-二氢-1-[1-(3,4-二氢萘甲基)]萘
11.497	1,4,6-三甲基萘	20.103	二[1-(3,4-二氢萘甲基)]萘
11.925	2,3,6-三甲基萘	20.646	DNM
12.208	苯基环己基硫醚	20.897	1-(2-萘甲基)萘
12.365	DPS	22.037	1-甲基-4-(1-萘甲基)萘
12.448	邻苯二甲酸二乙酯	22.121	二十七烷
13.400	蒇吨	23.522	1,2,3,4-四氢-9,10-二苯蒽
13.640	DHA	23.992	3-甲基胆蒽
14.320	四甲基萘	24.296	9,10-DPA

RT：保留时间。

在 Fe-S 存在下平朔萃余煤催化加氢裂解反应混合物的石油醚可溶物中所检测出的含量最高的是蒽和 DHA,其次是 DNM 及其加氢衍生物和苯胺。在煤焦油中,蒽与菲往往共存,且菲的含量一般较多,而在平朔萃余煤的非催化加氢热解反应混合物中仅检测出极少量的菲,在 Fe-S 存在下平朔萃余煤的催化加氢裂解反应混合物中未检测出菲,这一结果耐人寻味。值得注意的是,与非催化加氢热解反应相比,由 Fe-S 体系催化的加氢裂解所得 DNM 与其加氢产物含量之比明显减小,笔者认为主要是由于 DNM 发生了加氢裂解反应,在反应产物中同时检测出萘和 1-MN 就是很好的证据。根据第 4 章所述的笔者对 DNM 反应研究的结果,在 Fe-S 体系催化的反应过程中仅有少量的 DNM 发生加氢反应。同样,由 Fe-S 体系催化芳环加氢的效果不佳,可以推测 DHN 主要由煤中大分子的加氢裂解而非由萘的加氢生成。在反应产物中检测出 11 种含硫化合物:环己基硫醚、二氢-2-噻吩酮、甲基苯基硫醚、甲基环己基二硫、甲基环己基三硫、DPS、二苯并噻吩、二环己基二硫、环己基硫苯酚、噻蒽和二环己基三硫,2 种含氮化合物:苯胺和咔唑及 10 种含氧化合物,包括二氢-2-噻吩酮、4-甲基-2,6-二叔丁基苯酚、蝠吨、2 种羧酸和 5 种酯。

煤的组成和结构的多样性和复杂性给人们对煤的研究和利用都带来很大困难,但这些困难并非无法克服。煤化学研究工作者应该像高明的医生和娴熟的服装设计师,善于"对症下药"和"量体裁衣",即首先应该深入揭示煤的分子结构,了解煤究竟由哪些化合物组成,根据构成煤的各种化合物的性质和分布状况而不是依赖于传统的工业分析和元素分析等数据探索煤炭资源高附加值利用的有效途径。

村田逞诠博士在系统地回顾和总结了人类文明发展史后认为,21 世纪的主流并非"情报化社会"或"信息化社会",而是"新化学化社会"[38]。有别于传统的化学,村田逞诠博士提出的"新化学"是基于原子经济的接近物尽其用的化学。使有限的煤炭资源洁净地转化为高附加值的产品是 21 世纪煤化学工作者的巨大责任。

"硅谷"对 20 世纪高新技术的发展所起的作用不可估量。正像 Schobert 教授所预言的,21 世纪可能出现"碳谷"时代[39]。建立拥有中国独立知识产权的"碳谷"应该是我国煤化学工作者的重要使命和我国在 21 世纪的重要创新工程。

煤化工在 20 世纪曾经有过辉煌的时期。随着石油化工的崛起,煤化工逐渐步入低谷。正因为与石油和天然气相比煤具有碳含量高、富含芳环和杂原子等特性,作为生产诸多精细化学品的原料,煤应该具有更大的竞争力。作者相信,经过煤化学工作者坚持不懈的努力,21 世纪内一定会出现煤化工的黄金时代,其标志应该是包括煤液体在内的煤的非燃料利用,是精细煤化工的问世。使本书为煤化工黄金时代的早日到来起到抛砖引玉的作用,是笔者的宿愿。

参 考 文 献

[1] Yoshida T, Tokuhashi K, Narita H, Yokoyama S-I, Maekawa Y. Fuel, 1985, 64 (7): 897~901

[2] Shadle L J, Given P H. Fuel, 1982, 61 (10): 972~979

[3] Romey I. Fuel, 1982, 61 (10): 988~993

[4] 坂木剛, 犬養吉成, 有田肮兒, 疯山仁夫. 燃料協全誌, 1984, 63(4):262~268

[5] Goldberg I B, Crowe H R, Ratto J J, Skowronsk R P, Heredy L A. Fuel, 1980, 59 (2): 133~139

[6] Collin P J, Gilbert T D, Philp R P, Wilson M A. Fuel, 1983, 62 (4): 450~458

[7] Whitehurst D D, Butrill S E Jr, Derbyshire F J, Farcasiu M, Odoerfer G A, Rudnick L R. Fuel, 1982, 61 (10): 994~1006

[8] 内野洋之, 横山晗, 佐藤正昭, 穭田雄三. 燃料協全誌, 1984, 63(1):15~26

[9] 三木康郎, 衫本義一. 燃料協全誌, 1984, 63(1):28~40

[10] 吉田忠. 燃料協全誌, 1985, 64(11):941~954

[11] Katoh T, Ouchi K. Fuel, 1985, 64 (9): 1260~1268

[12] P L Gupta, Dogra P V, Kuchhal R K, Kumar P. Fuel, 1986, 65 (4): 515~519

[13] Redlich P J, Jackson W R, Larkins F P, Chaffee A L, Liepa I. Fuel, 1989, 68 (12): 1538~1543

[14] Redlich P J, Jackson W R, Larkins F P. Fuel, 1989, 68 (12): 1544~1548

[15] Redlich P J, Jackson W R, Larkins F P, Chaffee A L, Liepa I. Fuel, 1989, 68 (12): 1549~1557

[16] Pauls R E, Bambacht M E, Bradley C, Scheppele S E, Cronauer D C. Energy & Fuels, 1990, 4: 236~242

[17] Robinson N, Eglinton G, Lafferty C J, Snape C E. Fuel, 1991, 70 (2): 249~253

[18] 荒牧洗弘, 大井章市, 林隆等. 日本エネルギー镬全誌, 1999, 78(2):110~119

[19] 澤田三郎, 高橋知二, 　　　　　, 松村哲夫. 燃料協全誌, 1984, 63(2):128~134

[20] 増田薫, 澤田三郎, 大隈修, 松村哲夫. 燃料協全誌, 1991, 70(1):66~75

[21] 吉田忠, 横山慎一, 前河涌典, 神田保生. 燃料協全誌, 1991, 70(9):927~929

[22] Burgess C E, Schobert H H. Fuel Processing Technology, 2000, 64 (1~3): 57~72

[23] 吉田忠, 吉田諒一, 前河涌典, 本間義雅, Barao C A. 第 56 回燃料協全大仝、第 26 回碳科學全議合同發表論文集, 札幌, 1989:248

[24] 酮川孝治, 松村明光, 中村悦朗等. 燃料協全誌, 1985, 64(12):997~1002

[25] 山本順, 二木銳雄, 神谷佳男等. 燃料協全誌, 1986, 65(1):19~25

[26] 酮川孝治, 松村明光, 中村悦朗等. 燃料協全誌, 1985, 64(2):109~115

[27] 加茂徹, 山本佳孝, 稻葉敦等. 燃料協全誌, 1990, 69(1):38~45

[28] 古崎滋, 木户疯和, 松澤成幸, 山本正義. 工業化镬全雜誌, 1955, 58:307

[29] Nair C S B, Sen D K, Basu A N. J Appl Chem, 1967, 17: 113

[30] 吉田忠, 吉田諒一, 小谷川毅, 前河涌典. 第 27 回石炭科镬全議論文集, 東京, 1990:341~344

[31] 吉田忠, 吉田諒一, 小谷川毅等. 燃料協全誌, 1991, 70(8):827~832

[32] 稻葉敦, 三木啓司, 佐藤芳樹等. 燃料協全誌, 1984, 63(2):141~147

[33] 酮川孝治, 松村明光, 近藤輝男等. 燃料協全誌, 1991, 70(1):76~80

[34] Aihara Y, Ikeda K, Imada K, Kakebayashi H, Takeda T, Nogami Y, Inokuchi K, Kamo T, Sato Y. In: Prospects for Coal Science in the 21st Century, Shanxi Science & Technology Press, 1999, I: 633

～636

[35]　真下清,菅野元行,藤森聖明等. 燃料協全誌,1991,70(10):994～1002

[36]　山本佳孝,佐藤芳樹,蜷名武雄等. 燃料協全誌,1991,70(6):533～538

[37]　Ni Z H, Xiong Y C, Wang X H, et al. In: Proceedings of the Australia-China Joint Workshop on Clean Power from Coal with Maximised Efficiency, Taiyuan, Shanxi, China, 2001, pp. 261～269

[38]　村田逞詮. 21世紀の透視団. マクロ文明論—技術と社仝の"流れ"の体系化,東京:平原社,1995

[39]　Schobert H. Proceedings of the 6th Japan-China Symposium on Coal and C_1 Chemistry, Zao, Miyagi, Japan, 1998, pp. 358～361

缩写词索引

缩写词	英文全称	中文全称
BA	1,2-benzanthracene 或 naphthacene	1,2-苯并蒽或并四苯
9-BA	9-benzylanthracene	9-苄基蒽
BCH	benzylcyclohexane	苄基环己烷
1-BN	1-benzylnaphthalene	1-苄基萘
2-BN	2-benzylnaphthalene	2-苄基萘
BNp	1,1′-binaphthyl	1,1′-联萘
BNs	benzylnaphthalenes	苄基萘
BPE	benzyl phenyl ether	苄基苯基醚
BPP	1,3-bi(3-pyrenyl)propane	1,3-二(3-芘)丙烷
BPS	benzyl phenyl ether	苄基苯基硫醚
C(daf)	carbon on dry-ash-free basis	干基无灰碳
CE	capillary electrophoresis	毛细管电泳(仪)
CHB	cyclohexylbenzene	环己基苯
DAAs	α,ω-diarylalkanes	α,ω-二芳基烷烃
DAEs	1,2-diarylethanes	1,2-二芳基乙烷
DAMs	α,ω-diarylmethanes	α,ω-二芳基甲烷
DAPs	1,3-diarylpropanes	1,3-二芳基丙烷
DBA	dibenzyl aniline	二苄基胺
DBE	dibenzyl ether	二苄基醚
DBN	1,5-dibenzylnaphthalene	1,5-二苄基萘
DCHM	dicyclohexylmethane	二环己基甲烷
DCM	dichloromethane	二氯甲烷
DHA	9,10-dihydroanthracene	9,10-二氢蒽
DH	decalylheptane	十氢萘庚烷
DHAM.	9,10-dihydroanthryl-9-methyl radical	9,10-二氢蒽-9-甲基游离基
DHN	decahydronaphthalene 或 decalin	十氢萘
DHP	9,10-dihydrophenanthrene	9,10-二氢菲
DMA	N,N-dimethylaniline	N,N-二甲基苯胺
DNE	1,2-di(1-naphthyl)ethane	1,2-二(1-萘)乙烷
DNM	di(1-naphthyl)methane	二(1-萘)甲烷
4H-DNM	1-naphthyl-5′-tetralylmethane	1-萘-5′-四氢萘甲烷
8H-DNM	di(5-tetralyl)methane	二(5-四氢萘)甲烷

m-PDA	m-phenylenediamine	间苯二胺
o-PDA	o-phenylenediamine	邻苯二胺
p-PDA	p-phenylenediamine	对苯二胺
PDMN	poly(1,4-dimethylenenaphthalene)	聚(1,4-二亚甲基萘)
PEDs	2-phenylethyldecalins	2-苯乙基十氢萘
PFP	p-fluophenol	对氟苯酚
PI	pyridine-insoluble	吡啶不溶物
1-PN	1-propylnaphthalene	1-丙基萘
PPN	2-(3-phenylpropyl)naphthalene	2-(3-苯丙基)萘
PTs	propyltetralins	丙基四氢萘
RBDE	relative bond dissociation energy	相对键离解能
RE	resonance energy	共振能
RSE	resonance-stabilization energy	共振稳定能
S_r	superdelocalizability	超离域能
TBAF	tetrabutylamonium fluoride	四丁基氟化胺
TCNE	tetracyanoethylene	四氰基乙烯
TCNQ	7,7,8,8-tetracyanoquinodimethane	7,7,8,8-四氰基对醌二甲烷
TCNQRA	TCNQ radical anion	TCNQ 游离基阴离子
TG-PI-MS	thermogravimetric photoionization mass spectrometry	热重-光致电离质谱仪
THF	tetrahydrofuran	四氢呋喃
THFR	1,2,3,10-tetrahydrofluoranthene	1,2,3,10-四氢荧蒽
THN	1,2,3,4-tetrahydronaphthalene 或 tetralin	四氢萘
1-THN	1-tetralyl radical	1-四氢萘基游离基
5-THN	5-tetralyl radical	5-四氢萘基游离基
5-THNM	5-tetralylmethyl radical	5-四氢萘甲基游离基
THNN	1-(1'-tetralyl)naphthalene	1-(1'-四氢萘基)萘
THQ	tetrahydroquinoline	四氢喹啉
TLC	thin layer chromatography	薄层色谱
TMPDA	N,N,N',N'-tetramethyl-p-phenylenediamine	N,N,N',N'-四甲基对苯二胺
TPM	triphenylmethane	三苯甲烷
UF	Upper Freeport	(美国地名)
XRD	X-ray diffraction	X 射线衍射